VERLIEBT INS LAND AM STEPPENSEE

EBERHARD GRIMM

VERLIEBT INS LAND AM STEPPENSEE

VOGELPARADIES NEUSIEDLER SEE
ERLEBT, NOTIERT IN WORT UND BILD

Bibliografische Information Der Deutschen Bibliothek:
Die Deutsche Bibliothek verzeichnet diese Publikation in der Deutschen Nationalbibliografie; detaillierte bibliografische Daten sind im Internet über < http://dnb.ddb.de > abrufbar.

Umschlaggestaltung: Autor
Alle Fotos: Autor

Herstellung und Verlag:
Books on Demand GmbH, Norderstedt

ISBN: 978-3-8334-8948-8

INHALTSVERZEICHNIS

Wie alles begann

Wenn ich jemandem die »Schuld« in die Schuhe schieben müsste, wer als Erster mein Interesse an der Natur geweckt hat, so käme dafür nur mein Vater in Frage. Er selber war sehr naturverbunden, und was lag da näher, als diese Naturverbundenheit auch auf seinen Sprössling zu übertragen. Außerordentlich hilfreich bei diesem Bemühen war sein Beruf: Er war Kunstmaler. Die amtliche Bezeichnung *Kunst*maler mochte er übrigens nicht sonderlich, das erinnerte so sehr an den Kunsthonig der Kriegszeit. Es war vielleicht eine Kunst, ihn herzustellen, aber er war halt *künstlich.* Um dieser Assoziation aus dem Weg zu gehen, nannte sich mein Vater einfach *Maler*, allerdings mit dem sofort angehängten Zusatz, er gehöre jedoch nicht zu den Spezialisten für größere Flächen und geblümte Tapeten.

Als ich noch nicht in der Schule war, und später in den Schulferien, nahm mich mein Vater immer mit, wenn er »landschaftern« ging, wie er das Malen in freier Natur nannte. Bewaffnet mit dreibeinigem Klappsitz, Aquarellkasten, Aquarellblock, Flasche Wasser und geschmierten Broten, die uns meine Mutter gerichtet hatte, damit wir unterwegs nicht verhungerten. Sie selber musste, zumindest wochentags, daheim bleiben, weil sie den geerbten Tante-Emma-Laden zu betreiben hatte.

Es hört sich ja wie Jägerlatein an, was wir dabei so alles erlebten, wenn wir für Stunden auf einem Fleck saßen, mein Vater auf seinem Feldstuhl und ich zu seinen Füßen im Gras, ohne dass wir uns viel bewegten. Nur ein paar Beispiele für *einen* Tag. Da stand plötzlich, wie hingezaubert, ein Reh zum Greifen nahe vor uns. Es hatte keinen Wind von uns, schaute uns aus seinen glänzenden, schwarzen Augen neugierig an und brauchte eine ganze Weile, bis es begriffen hatte, wer da so gefährlich nahe vor ihm saß. Das waren ja welche von der gefürchteten Sorte: »Feind Nr. 1«! Mit einem kühnen Sprung warf sich das Reh in der Luft herum und schon war es in der Schonung verschwunden. Im nächsten Moment vernahmen wir ein Rascheln, dicht hinter uns. Als wir uns vorsichtig umdrehten, saß da doch tatsächlich ein Großes Wiesel und musterte uns ungeniert aus blitzenden Augen, als wollte es sagen: >Was habt ihr denn hier zu suchen? Das ist mein Revier! Ist das klar?!<

Schließlich war das Aquarell fertig und wir machten uns ans Zusammenpacken. »Pst, nicht bewegen!«, warnte mein Vater eindringlich und mit Kopfnicken in eine bestimmte Richtung. Ja, was war denn das? Keine zwei Meter entfernt lag auf einem Steinhaufen eine zusammengeringelte Schlange! Züngelnd den Kopf erhoben, beobachtete sie uns. »Kreuzotter!«, erklärte mein Vater. Die lag bestimmt schon länger da, und wir hatten sie glatt übersehen. Da Kreuzottern früher, je nachdem, an welcher Stelle sie einen Menschen bissen, als tödlich giftig galten, traten wir schleunigst den vorsichtigen Rückzug von diesem vermeintlich gefährlichen Ort an, das »Untier« noch mehrere Meter fest im Blick.

Meine Liebe zur Natur war auf jeden Fall erwacht und auch nicht durch einen Vorfall wieder einzuschläfern, der sich auf einer Familien-Sonntagswanderung ereignete. Da war ein kristallklarer, munter dahinplätschernder Bach, in dem es damals sogar noch leckere Krebse gab, mit deren nach dem Kochen erröteten Schalenpanzern ich in der Badewanne Bötchen spielte.

Aber es waren nicht die Krebse, die mich diesmal ärgerten, einer hatte mich nämlich mal mit seinen kräftigen Scheren in den Zeigefinger gezwickt, und das hat ganz schön wehgetan. Nein, dieses Mal war es eine Pflanze: die Brunnenkresse. Die wucherte hier so üppig am idyllischen Bach, dass an schmalen Stellen vom Bach nichts mehr zu sehen war. Was sich als mein Verhängnis erwies! Normalerweise musste ich auf Spaziergängen und Wanderungen vorausgehen, damit mich meine Eltern stets im Blick hatten. Diesmal aber war ich unbemerkt hinter meinen Eltern, die wohl gerade in ein wichtiges Gespräch vertieft waren, zurückgeblieben und hatte mich zu der Brunnenkresse gehockt, um sie ganz aus der Nähe zu betrachten. Na ja, und weil ich, voll konzentriert auf diesen Wust von interessanten Pflanzen, nicht aufpasste und das Bachufer an dieser Stelle ziemlich steil war, rutschte ich, schwupps, ab und stand inmitten der Brunnenkresse bis fast zu den Knien, laut aufheulend, im verwundert plitschplatsch-murmelnden Bach! Dass mich mein Vater rasch herauszog und ich am Rande einer Ohrfeige schwebte – er beließ es bei der Warnung: »Nächstes Mal passt du besser auf!« – , sei nur der Ordnung halber erwähnt. Er hatte schließlich auch ein schlechtes Gewissen, wie er später, als wir wieder mal über diesen Vorfall sprachen, zugeben musste.

So also bin ich an die Natur geraten. Wie aber an den Neusiedler See, jenen flachen, salzhaltigen Steppensee im Osten Österreichs an der ungarischen Grenze? Also, auch vom Neusiedler See habe ich zum ersten Mal von meinem Vater gehört. Als er in den Zwanzigerjahren des letzten Jahrhunderts an der Kunstakademie in Dresden studierte, ist er 1929 gemeinsam mit einem Studienkollegen in den Semesterferien für mehrere Wochen trampender Weise auf dem Balkan unterwegs gewesen. Auf dem Rückweg, von Graz kommend, haben sie in der Storchenstadt Rust am Westufer des Neusiedler Sees Zwischenstation eingelegt und nicht nur einen berauschenden Wein namens »Ruster Ausbruch« probiert, sondern zunächst einmal den herrlichen Ausblick von den Ruster Höhen auf die alte Freistadt Rust, wegen der vielen Störche in den Nestern auf den Dächern auch »Storchenstadt« genannt, und den Neusiedler See genossen, der sich damals wie heute dort draußen im Osten hinter dem breiten Schilfgürtel in der Pannonischen Tiefebene erstreckt und in der Mittagshitze glitzert und flimmert. Und nicht nur die beiden Studenten der Bildenden Künste waren tief beeindruckt! Alle, die jemals dort oben gestanden und geschaut haben, sind fasziniert, damals wie heute!

Der endgültige Anstoß und dringende Wunsch, diesen in Europa einmaligen Steppensee kennenzulernen, wurde in den Neunzehnhundertsechzigerjahren durch einen verlockenden, mit ebensolchen Fotos illustrierten Bericht von Wolfgang Bechtle - ich glaube, es war in einer Fotozeitschrift - und einen Vorfilm im Kino ausgelöst. Auch meine Frau war von der Idee begeistert. Wir baten eine Bekannte in Wien, die ihre Wochenenden hin und wieder am Neusiedler See verbrachte und uns das schilffreie Podersdorf empfahl, dort doch mal eine empfehlenswerte Ferienbleibe ausfindig zu machen. Das Unternehmen Zimmersuche gelang perfekt. Die Bekannte hatte eine nette, sympathische junge Frau vor einer Frühstückspension angesprochen, die, wie sich gleich herausstellte, die Chefin der Pension »Haus Pannonia« war, vor der sie standen. Also, alles klar! Die Zimmer wurden gebucht, und am 27. April 1970 ging's los. Knapp neunhundert Kilometer mit dem Auto lagen vor uns, an »Bord« meine Mutter (mein Vater lebte leider nicht mehr), meine Frau, und ich am »Ruder«.

Im Haus Pannonia war noch nicht viel los. Außer uns Dreien hatte sich noch ein Ehepaar aus dem Starnberger Land eingemietet. Schon nach den ersten Gesprächen stellten wir fest, sehr gut zueinander zu passen, und bald waren wir dicke Freunde. Er hieß Heiner und stammte aus Brandenburg. Sie hieß Rosl, war eine echte Bayerin, verstand sich mit ihrem »Preiß'n« aber hervorragend. Zumal Heiner schon lange in Bayern lebte und den bayerischen Dialekt schon so perfekt beherrschte, dass er kaum noch als Preuße zu identifizieren war.

Was Heiner an den Neusiedler See gelockt hatte, das war die Vogelwelt. Schließlich ist der Neusiedler See samt der Region drumherum eines der vier großen Vogelparadiese Europas. Na, wunderbar! Denn wir hatten zwar viel Neugier und Interesse und auch einen Fotoapparat mit im Gepäck, aber weder ein Fernglas noch einen Vogelbestimmer! Da konnte Heiner nur nachsichtig lächeln. Als er und seine Rosl wieder heimfahren mussten, wir konnten noch länger bleiben, hat er uns für paar Mark sein japanisches Fernglas verkauft (er wollte sich sowieso ein neues, besseres zulegen) und leihweise den »Peterson«, die Bestimmer-Bibel der Hobby-Ornithologen, dagelassen.

Dergestalt ausgerüstet stürzten wir uns also zum ersten Mal mit neugierigem Eifer in das faszinierende Naturerlebnis Neusiedler See. Und dieses erste Erlebnis hat uns dermaßen beeindruckt, dass wir nun schon seit 38 Jahren, von ganz wenigen Ausnahmen abgesehen, jedes Jahr nach Podersdorf fahren!

Die einstige Frühstückspension hat sich im Laufe der Jahre durch Besitzerwechsel enorm verwandelt. Sie ist kaum noch wiederzuerkennen. Durch diverse Um- und Anbauten haben Marianne und Hermann Wein, die neuen Besitzer, ein komfortables Hotel geschaffen, das Hotel Pannonia. Da gibt es sogar Zimmer mit bodenebenen Duschen, in denen selbst jene, die durch Amputation ein Bein verloren haben (wie zum Beispiel ich), auf einem Plastik-»Stockerl« (österreichisch für Hocker) sitzend, bequem duschen können. Übrigens: Auf der anderen Straßenseite haben sie noch eine Dependance, das Haus St.Florian.

Nun sind die Zeiten, als das Haus noch den Kasts gehörte und die umtriebige Trude regierte, längst Geschichte. Aber wir erinnern uns gern an damals. Natürlich auch an Trudes Gatten, den Hans, der von seinem Heizung-Sanitär-Betrieb in Anspruch genommen war und in dem zur Pension gehörenden Café-Haus nur sporadisch als Chef oder, wie er es nannte, »Stoßzeitschankbursch« auftreten konnte. Er war ein Original, hatte den Schalk im Nacken und sprühte vor Schmäh, Fantasie und Ideen. Und: er war sehr redegewandt, wenn er auch des öfteren mit einem listigen Lächeln in den Augenwinkeln versicherte: »Ich will ja keine großen Reden schwingen, aber ...«. Nun ist er in erster Linie *Pensionist*. Und nicht nur er, wir alle natürlich, sind älter und ruhiger geworden.

Doch alljährlich, wenn wir abends mal gemütlich beieinandersitzen, flammen die alten Zeiten wieder auf. Dann heißt's immer gleich >Weißt du noch?<. Und schon schwelgen wir ausgiebig in den Erinnerungen an *damals* und an gemeinsam begangene »Schandtaten«, die meist so geartet waren, dass die noch restweinumnebelten Hirne am nächsten Morgen dringend frischer Sauerstoffzufuhr bedurften! Trotz alledem gehört der Wein zum Neusiedler See wie das bekannte Amen in der Kirche. Kein Wunder bei den ausgedehnten Weingärten rund um den See und den vielen Heurigen-Schenken allüberall, die doch auch *zu* verführerisch sind ...! Und eine davon ist gar in einer Gemarkung gelegen, die man nur erreicht, wenn man zur »Hölle« fährt ...! Man kann aber auch hin *wandern.* Und die echte Hölle ist es ja nicht. Aber der sandige Boden in den Weingärten kann so höllisch heiß werden, dass »umwerfende« Weine »gekocht werden«. Weinbau gibt es am Neusiedler See schon seit zweitausend Jahren, als das Gebiet noch zur römischen Provinz Pannonien gehörte. Kaiser Aurelius Probus soll – aus heutiger Sicht: dankenswerterweise – damals die Einführung des Weinbaus auch für die Provinz Pannonien genehmigt haben.

Bevor ich nun beginne, von den Erlebnissen zu erzählen, die ich gemeinsam mit Frau und Mutter in den vielen Jahren hatte, will ich mich erst einmal dem Neusiedler See selbst zuwenden, der samt seiner Umgebung eine nähere Betrachtung unbedingt verdient. Ist der im Burgenland, dem jüngsten Bundesland (erst seit 1921 österreichisch) gelegene Steppensee doch einmalig in Europa.

Abbildung rechte Seite: Verschilfte Seepartie von der Illmitzer Dammstraße aus (o). Klatschmohn und Kamille an der Straße Podersdorf – Illmitz (u.)

Eine kleine Dosis Wissenswertes

Noch vor dem Ende der letzten Eiszeit, der Würmeiszeit, die vor rund 10.000 Jahren durch wärmere Zeiten abgelöst wurde, entstand ganz im Osten Österreichs, im heutigen Burgenland also, zwischen den östlichen Ausläufern der Alpen und der Kleinen Ungarischen Tiefebene infolge tektonischer Veränderungen eine große Senke, in der sich ein See bildete. Der Neusiedler See war geboren! Einen Namen hatte er natürlich noch keinen. Den bekam er erst Jahrtausende später, als er nach der Bezirkshauptstadt *Neusiedl* auf den Namen *Neusiedler* See getauft wurde.

Längst ist er auch noch mit dem Zweitnamen *Meer der Wiener* belegt worden, wobei *Meer* freilich arg vermessen daherkommt. Vielleicht ist auch nur der berühmte Wiener *Schmäh* auf diese glorreiche Idee verfallen. *Die gefüllte Untertasse* ist er auch schon genannt worden, aber diese Tiefstapelei hat der See nun auch wieder nicht verdient. Da finde ich *Größtes Planschbecken Europas* schon viel treffender. Mit rund 35 Kilometern Länge, einer größten Breite von rund 12 Kilometern und einer größten Tiefe von zirka 1,50 Metern ist er wahrlich ein riesiges Planschbecken. Diese Maße sind nur grobe Anhaltspunkte und angesichts der geringen Tiefe bei einer so großen Fläche und dem tro-

---

Abbildung linke Seite: Silberreiher auf der Pirsch (o.).Porträt des »Silberreihers vom Dienst« (u.)

ckenen Klima, was je nach Dauer der Trockenheit mit unterschiedlich starker Verdunstung verbunden ist, doch recht schwankend. Badegäste, die sich in die naturtrüben »Fluten« stürzen möchten, sollten erst einmal zu einem Fußmarsch aufbrechen, bis sie einen Wasserstand vor sich haben, der zum Schwimmen geeignet ist und bei dem keine Gefahr besteht, sich die Bäuche, deren Umfang doch häufig von Wohlstand zeugt, am Boden aufzuschürfen.

Der den See säumende gewaltige Schilfgürtel ist bis zu fünf Kilometer breit, oder tief – wie Sie wollen. Nur Podersdorf mit seinem ausgedehnten, schilffreien Badestrand und dem großen Campingplatz direkt beim Ort, vielen Feriengästen natürlich sehr willkommen, bildet eine Ausnahme. In allen anderen Orten am See sind die See-Bäder draußen vorm Schilf angelegt und nur über kilometerlange Dammstraßen zu erreichen.

Was den Neusiedler See neben seiner geringen Tiefe in Europa noch ganz besonders einmalig macht, ist die Salzhaltigkeit seines Wassers. Wer seinen nächstgelegenen Verwandten besuchen wollte, müsste schon eine weite Reise auf sich nehmen. Denn das ist der Aralsee, dessen nördlicher Teil zu Kasachstan gehört und der südliche zu Usbekistan. Das ist also kurz vor China!

Menschliches Eingreifen hat den Aralsee in den letzten Jahrzehnten in verheerender Weise schrumpfen lassen. So soll es Fischer geben, die früher den See direkt vor der Haustür hatten und nun ihre Boote samt Haus und Hof rund 80 Kilometer, oder noch mehr, über Land transportieren müssten, um an das Ufer des See zu gelangen!

Da ist der Neusiedler See, von einigen »Verfehlungen«, wie es sie heutzutage ja überall gibt, einmal abgesehen, doch wesentlich besser dran. Wenngleich seine Wasserstandsbilanz auch nicht gerade rosig aussieht. Denn, wie der Fachliteratur zu entnehmen ist, wird das, was ihm oberirdisch vom Himmel und dem Flüsschen Wulka zufließt, auf der anderen Seite allein schon von der enormen Verdunstung wieder aufgezehrt. Die zahlreichen flachen Salzlacken im Seewinkel auf der Ostseite des Sees sind noch schlimmer dran. Im Mai 2006 zum Beispiel waren sie, bis auf den Warmsee am Güterweg Apetlon-Frauenkirchen, bereits völlig ausgetrocknet. Normal ist das erst im Sommer der Fall. Allerdings bringt die Trockenheit ein Phänomen mit sich, das auch den Kenner und unsterblich in dieses Land am Steppensee verliebten Naturfreund immer wieder fasziniert: Die knallweißen Salzausblühungen, jene häufig weitläufigen Flächen, deren Anblick den Augen wehtut. Eine schützende Sonnenbrille sollte auf jeden Fall zum Einsatz kommen. Ansonsten ist's ein nahezu exotisches Bild, dieses grelle Weiß, das sandfarbene, teils noch grüne Schilf und darüber der tiefblaue Himmel! Und wenn sich die Augen an das blendende Weiß gewöhnt haben, wird man kleinere Inseln und ganze Flächen hellgrau-grün-kleinblättriger, unauffällig weiß blühender Pflanzen entdecken: die

Salzkresse. Das ist eine der botanischen Raritäten, die aus dem mittelasiatischen Raum eingewandert sind.

Dass hier im Osten Österreichs, in der ehemals römischen Provinz Pannonien, für Salzböden liebende Pflanzen der ideale Boden entstand, ist auch dem äußerst trockenen, kontinental geprägten Klima zu verdanken. Die Klimatologen sprechen daher auch vom *pannonischen Klima*. Der Salzgehalt hat seine Ursache in der mit der Trockenheit verbundenen enormen Verdunstung, die das Grundwasser nach oben saugt, wobei beim Passieren des mineralhaltigen Gesteins Salze, zum Beispiel Soda (Natriumcarbonat), herausgelöst und in den oberen Schichten abgelagert werden. In den lang anhaltenden Trockenperioden kommt es dann zu diesen schneeweißen, kristallinen *Ausblühungen*, wie dieses Phänomen im Fachjargon heißt. Bei den Bodenarten wird übrigens noch unterschieden zwischen dem salzreicheren *Solontschak*-Boden und dem salzärmeren *Solonetz*-Boden. Die russische Sprache hat zwar viele deutsche Wörter übernommen, bei *Solontschak* und *Solonetz* jedoch ist es gerade umgekehrt. Und selbst das Wort *Steppe*, von dessen deutschem Ursprung man bestimmt auf Anhieb überzeugt ist, stammt aus dem Russischen und heißt *stjeppj*. Die *Steppe* ist also, was jemand auch nur, gelinde ausgedrückt, aus Versehen vermutet haben könnte, mit dem Stepptanz oder der Steppmaschine weder verschwägert noch verwandt. Eher noch mit einer *Steppdecke*, als welche man den Steppenrasen vielleicht auch bezeichnen könnte. Abwegig wäre es jedenfalls nicht ganz. Aber damit nun auch genug der philologischen und spitzfindigen Deutungen.

Das Land am Steppensee kann zwar mit einem in Europa einmaligen See aufwarten, mit Steppe aber eher weniger, zumindest nicht mit ausgedehnten Steppen- oder Pusztaflächen (die gibt's auch in Ungarn nicht mehr in dem Ausmaß wie früher). Die Weingärten rund um den See und im Seewinkel, dazu der Gemüseanbau, die Raps-, Mais- und anderen Getreidefelder, haben die Steppe in den über drei Jahrzehnten, die wir nun schon hierher kommen, um einiges schrumpfen lassen. Die Hutweiden (*Hut* von *Hüten*) bei der Darscholacke (Warmsee) und der Langen Lacke samt einer großen Rinderherde vermitteln zumindest noch einen Hauch von Steppe und Puszta. Ähnlich der Hanság (gesprochen: Hanschag, was ungarisch ist und Waasen bedeutet) an der ungarischen Grenze, wo im Frühling die Balz der imposanten Trapphähne, der neben der afrikanischen Großtrappe größten flugfähigen Vogelart der Welt, am besten von den Beobachtungstürmen aus, mit Fernglas oder Spektiv, bestaunt werden kann.

Der See samt Umland ist Landschaftsschutzgebiet. Große Teile davon sind seit 1993 *Nationalpark*. Mit über 300 Vogelarten ist die Region seit 1977 *Biosphärenreservat der UNESCO* und die Kulturlandschaft um den See *UNESCO-Welterbe*. Alles gute Gründe dafür, das Land am Steppensee kennenzulernen!

Die ersten Jahre

Bereits in den ersten Tagen nach unserer Ankunft gegen Ende April 1970 haben wir am Neusiedler See alte Hasen unter den Hobby-Ornithologen getroffen, die schon in den Fünfzigerjahren hier auf Vogelpirsch gegangen sind, vor allem auch im ornithologisch sehr ergiebigen Seewinkel. Diesmal waren sie mit der Ausbeute an Gesehenem und Fotografiertem aber gar nicht mehr zufrieden. Während wir, die Neulinge, uns vollauf begeistert zeigten.

Da konnten die alten Hasen nur abwinken und nachsichtig lächeln. Einer meinte gleich: »Da merkt man doch sofort, dass Sie hier noch neu sind. Damals, ja, damals, das waren noch Zeiten! Mann, was war das damals noch für ein Highlife im Vogelleben! Massen! Können Sie sich nicht vorstellen. Und dann die Ruhe, kaum laute Störenfriede beim Beobachten oder Fotografieren. Und heute? Weniger Vögel, weniger Natur, weniger Ruhe, aber mehr ornithologisch nicht interessierte Leute, im Fahrradsattel oder zu Fuß unterwegs, die stehen bleiben und denen, die aus dem Auto heraus fotografieren möchten, die gefiederten Motive vergraulen und dann auch noch motzen, weil die blöden Vögel davonfliegen. Mann, Mann, Mann! Und dann auch noch dieses Giftzeug, die Phosphate, Insektizide, Pestizide und weiß der Kuckuck, was sonst noch alles!«

Der Mensch hatte sich so richtig in Rage geredet!

Man hätte glatt meinen können, er wolle gleich eine Revolution vom Zaune brechen. Andere wieder, die wir gesprochen haben, »schwelgten« eher in stiller Resignation: Mit dem Neusiedler See ginge es langsam aber sicher den Bach runter. Na ja, es wäre ja zwar noch einiges los, aber trotzdem. Da wäre doch sowieso nix mehr zu machen. Vor dem Naturschutz käme eben das Geldverdienen. Wie überall auf der Welt.

Wir hielten uns da raus, hatten ja auch keine Möglichkeit, mit früher zu vergleichen. Als ich am Abend den Pensionsgästen aus Bayern davon erzählte, meinte Heiner, er wäre zwar auch zum ersten Mal hier, hätte sich aber schon länger mit der Vogelwelt beschäftigt, auch mit der am Neusiedler See und eigentlich auch mehr erwartet. Aber nach einer Woche könne man sich ja wohl noch kein abschließendes Urteil bilden. Also abwarten und Tee trinken (es kann natürlich auch ein »Glaserl« vom hiesigen Blaufränkischen sein ...!).

Wir jedenfalls hatten, mit Hilfe von Heiners geschultem Auge, schon Vogelarten gesehen, die wir daheim in der Umgebung von Achern, weder draußen in der Rheinebene noch im Vorbergland oder auf unserem Hausberg, der Hornisgrinde, je zu Gesicht bekommmen hatten. Keine Bartmeise, kein Schwarzkehlchen, keine Beutelmeise und keinen Wiedehopf. Einen Pirol schon, draußen in den Auwäldern am Altrhein. Besonders schön die Pirolmännchen im satt-gelb leuchtenden Federkleid (nicht umsonst auch Goldamsel genannt), mit schwarzen Flügeldecken und schwarzem Schwanz.

Doch trotz der auffälligen Färbung konnte ich sie im Gewirr des im Sonnenlicht flimmernden Laubs nie schnell entdecken, zumal sie selten lange auf einem Fleck sitzen bleiben. Aber das war am Anfang. Im Laufe der Jahre habe ich schon mehr Übung im Auffinden beobachtenswerter und fotogener Vögel entwickelt.

Was die Farbenpracht des Gefieders angeht, so muss gleich noch folgendes erwähnt werden: In der Vogelwelt sind die Damen durchweg viel bescheidener »gekleidet« als die Männer. Dass sie wirklich mal so schön sind wie die Männer und gar nur schwer voneinander zu unterscheiden, kommt nicht häufig vor.

Was ich vorhin von den alten Hasen erzählt habe, trifft mittlerweile auch auf uns zu. Es hat nur wenige Jahre gedauert, bis auch wir anfingen, uns über den Rückgang der Vogelarten oder der zu beobachtenden Populationen pro Art zu beklagen und gleich zu meinen, da wäre ja wirklich bald nichts mehr los hier, wenn das so weiterginge. In dem »uns« ist Heiner mit eingeschlossen. Und dann noch Freund Werner aus dem Münsterland und seine Marianne, die ein Jahr später zu uns gestoßen sind. Werner ist, nebenbei bemerkt, als ebenso ornithologischer Neuling zum Neusiedler See gekommen wie ich, aber ebenso schnell, intensiv und mit lebenslangen Folgen von dem gefährlichen, mit keiner Therapie mehr zu bekämpfenden *Virus ornitho-*

Abbildungen rechte Seite: Puszta (Hutweide) bei Apetlon (o.). Beobachtungsstand und Ziehbrunnen im Hanság bei Tadten (u.).

manicus (studierte Lateiner mögen sich gnädigst in Nachsicht üben, falls da etwas falsch sein sollte) infiziert worden. Die von diesem Virus befallenen »Patienten« haben in Freizeit-Ornithologen-Kreisen deshalb auch den klangvollen Spitznamen *Ornithomanen*. Zum Glück sind sie nicht auch noch auf Orchideen eingeschworen, denn die nennen sich, wie ich in Spanien von einem mit diesem anderen, genauso gefährlichen Virus infizierten Menschen hörte, offenbar im Anfall mutiger Selbstverstümmelung, *Orchidioten*, was auf den sonstigen geistigen Zustand jedoch keinen Einfluss habe. Ebenso wenig ist ein Ornitho*mane* manisch depressiv. Wobei nicht verschwiegen werden soll, dass gewisse Depressionen schon mal auftreten. Ein Beispiel: Du hast eine absolute ornithologische Rarität vor der fotografischen »Flinte« und willst gerade auf den Auslöser drücken. Da steht doch urplötzlich ein Mensch von der total ahnungslosen Sorte, du hast vor lauter spanungs-geladenem Adrenalinspiegel sein Kommen gar nicht bemerkt, vor dem Autofenster, aus dem dein Teleobjektiv hinausragt, und, ohne sich irgendetwas dabei zu denken, fragt der dann auch noch, ob es denn da was Besonderes zu sehen gäbe. Das ist ein Schock, ganz klar. Doch du musst in diesem Augenblick, am liebsten würdest du ihn ja in den Hin-

---

Abbildungen linke Seite: Salzausblühung am Oberen Stinkersee (o.). Strandwiese mit Salzausblühung und Salzkresse (u.l.). Blumenwiese an der Straße Podersdorf-Illmitz (u.r.).

tern treten, wirklich Nerven wie Drahtseile haben und dich beherrschen.

All diesen »wunderbaren« Überraschungen zum Trotz: Mein *Morbus Ornithomanicus*, jenes gegen jede Heilung resistente Leiden, ist, was die praktische Ausübung betrifft, vor über drei Jahren selbst durch die Amputation meines linken Oberschenkels nicht entscheidend beschädigt worden. Was mich folglich auch nicht davon abhält, alljährlich mit meiner Frau nach Podersdorf zu fahren, um, vor allem im Seewinkel und überwiegend vom Auto aus, die geliebten Federviecherl zu beobachten und zu fotografieren. Das Terrain ist zum größten Teil tischeben und für Prothesenträger bestens geeignet. Außerdem ist das Auto eine äußerst praktische Tarnung. Eine enorm mobile obendrein.

Falls Sie zu denen gehören, die schon lange die Absicht in sich tragen, auch in das Gebiet der Vogelfotografie einzusteigen, wird Sie vielleicht interessieren, wie es vor über dreißig Jahren bei mir angefangen hat und was daraus geworden ist.

Ideale Voraussetzung war bei mir natürlich, und das wäre für jeden von Vorteil, dass ich schon damals begeisterter Hobby-Fotograf war (aus dem später sogar ein Profi wurde). Für die Vogelfotografie hatte ich also schon mal eine Kamera, eine Leica M4. Nun brauchte ich aber noch eine lange »Tüte«, wie's im Fachjargon heißt. Erster Schritt: Überprüfung der finanziellen Verhältnisse. Die Anschaffung eines geeigneten Teleobjektivs, in meinem Fall ein Leitz-Telyt mit 400 mm

Brennweite, war schon damals eine kostspielige Sache und nicht von jedem Bürger dieser Republik aus der Portokasse zu bezahlen. Auch von mir nicht. Zudem ging es ja auch nicht nur um das nackte Objektiv. Dazu gehörte auch noch so ein schwarzer »Kasten« namens Visoflex, der die schlichte Sucherkamera in eine Spiegelreflexkamera verwandelte. Außerdem noch eine Schulterstütze für schnelle Schüsse ohne Stativ. Und ein neuer Belichtungsmesser musste her. Eingebaut war ja keiner und der vorhandene Leicameter dafür nicht besonders geeignet.

Kurzum: Die Finanzen reichten und die Geräte wurden gekauft. Und bald konnte es losgehen! Erst einmal in heimischen Gefilden ausprobieren. Vor allem die Lichtmessung von weiter entfernten Objekten. Das ist nicht so einfach. Da ist es am besten, ein Objekt ähnlicher Helligkeit in der Nähe auszumessen und paar Aufnahmen mit unterschiedlicher Blende zu machen. Im Laufe der Zeit bekommt man aber ein gutes Gespür dafür. Heute ist das ja viel einfacher bei der Lichtmessung durchs Objektiv.

Und was fehlte nun noch? Na klar: ein Tarnzelt! Obwohl mir der Ruf anhaftete, in handwerklicher Beziehung zwei linke Hände zu haben, ging ich mutig in eine Eisenwarenhandlung, erklärte mein Problem und verließ kurze Zeit später den Laden mit einem Packen Alu-Vierkantrohren und raffinierten Steckverbindungen. Damit »kreierte« ich ein Gerippe, über das nur noch eine, von meiner Mutter aus festem, strapazierfähigem grünen Stoff zusammengenähte Haube mit durch Klappen verschließbaren Guck- und Fotorgrafierlöchern gestülpt werden musste. Fertig war das Tarnzelt.

Mit diesen »Wunderwaffen« ausgerüstet, so dachte ich jedenfalls, sollte es doch nicht so problematisch sein, Vögel abzulichten. Ja, denkste! Wenn man schon mal so ein liebes Federviecherl vor sich hat, gehen die Probleme erst los. Die Tierchen bleiben ja nicht so still sitzen, wie du's gern hättest. Und wenn schon mal, dann geht prompt die Sonne weg und du hast, selbst bei 400 ISO, nur eine Verschlusszeit von 1/60 Sekunde, und das Objekt deiner fotografischen Begierde dort auf dem Zweig hüpft wieder fröhlich hin und her. Und zudem hockt der Vogel auf dem falschen Zweig, für die 400 mm Brennweite viel zu weit weg. Oder genau andersrum: Der Vogel sitzt dir dicht vor der Nase, zu dicht, denn er hat die nächstmögliche Scharfstellgrenze deutlich unterschritten. Und dabei wäre der Vogel doch so schön formatfüllend! Fazit: Es gehört zu guten Tieraufnahmen auch eine ganze Portion Glück und viel Geduld. Aber nur nicht entmutigen lassen. Und nicht am Filmmaterial sparen. Dann wird's schon! Heute, im Zeitalter der Digitalfotografie, gibt es natürlich vielseitigere, einfachere und bessere Möglichkeiten. Und noch ein riesiger Vorteil: Du brauchst nicht zu warten, bis du wieder zu Hause bist und die Filme von der Entwicklung zurück sind, um dann prompt feststellen zu müssen, dass da doch eine ganze Menge daneben gegangen ist. Bei der Digitalfotografie kannst du dir halt sofort auf dem Display anschauen, ob die Aufnahme gut geworden ist oder nicht. Unbrauchbare Aufnahmen kannst du dann gleich löschen und damit auch unnötige Platzverschwendung auf der Speicherkarte vermeiden.

Wie bereits geschildert, sind Kamera und langes Tele, also die Technik, wohl die unverzichtbare Voraussetzung, aber noch lange kein Garant für gute Aufnahmen von Vögeln oder anderem, sich schnell bewegenden, scheuen Getier. Genauso bei Pflanzen. Da musst du dich, zum Beispiel, wenn du primär Vögel fotografieren möchtest, eben auch erst einmal, und möglichst nicht zu knapp, um Vogelkunde kümmern. Wo die bestimmten Vogelarten, die du auf dem Kieker hast, vorkommen, wann sie balzen, wann und wo sie brüten und was noch alles interessant und wichtig sein könnte. Und wenn du das alles weißt, dann weißt du auch, dass die günstigste Jahreszeit für die Vogelfotografie der Frühling ist. Und der Vogelzug im Herbst. Im Sommer tut sich wenig. Und am Neusiedler See ist's dann sehr heiß (bis zu heiß)!! Dann nützt es auch nichts, im See herumzuplanschen. Das Wasser ist im Sommer brühwarm und bringt nicht die geringste Erfrischung. So wurde mir versichert. Ich selber war noch nie im See (Nichtschwimmer!), habe aber besagten Tatbestand durch eine Fingerprobe bestätigt gefunden.

Übrigens, damit Sie mich nicht falsch verstehen: Wenn Sie, die Sie dieses Buch lesen, sich schon gefragt haben, woher ich mir eigentlich das Recht nehme, Sie des öfteren zu duzen, dann muss ich eine Erklärung abgeben. Denn immer, wenn ich beim Schreiben bin, versinke ich offenbar in einer fantastischen Welt auflebender Erinnerung. In diesem Zustand - Sie mögen jetzt ergänzen: der Unzurechnungsfähigkeit - führe ich häufig Selbstgespräche. Mit dem Duzen meine ich also nicht *Sie*, sondern *mich*! Und mit mir, bitteschön, darf ich ja wohl so vertraut umgehen, ich kenne mich, was Sie einsehen werden, nämlich schon länger...!

Auf Entdeckungstour

Wenn jemand Neuland betritt, ohne sich vorher, aus welchen Gründen auch immer, entsprechend zu informieren, so wird er natürlich erst einmal recht hilflos im Nebel herumstochern, gewissermassen, und vor der Frage stehen: Wo gibt's hier Interessantes zu sehen? Wo sind welche Vogelarten zu finden? Eine gute Karte der Region Neusiedler See hat er wohl, aber die gibt ihm darauf auch keine Antwort. Sie erinnert ihn aber daran, warum er eigentlich hierher gefahren ist: in erster Linie, um einen in Europa einmaligen Steppensee kennenzulernen. Also lenkt er seine Schritte erst einmal zum See hinaus. Und wenn er auch noch, so wie wir, Podersdorf als Urlaubsort auserkoren hat und zum Beispiel im »Pannonia« oder in der »Goldenen Traube« wohnt, sind es ja nur, na, sagen wir mal zweihundert Schritte bis zum See. Um Informationen im Allgemeinen und über die Vogelwelt im Besonderen kann er sich ja immer noch kümmern. Nur erst einmal den Blick auf den See mit den Seglern, Surfern und Tretbooten genießen. Und über den See zum Leithagebirge, das sich hinter dem Westufer bis auf knapp 500 Meter Meereshöhe erhebt.

Uns selber beunruhigte die magere Vorbereitung auf den Neusiedler See weniger. Denn wir hatten insofern Glück, als wir ja unseren neuen Freund Heiner fragen konnten. Der hatte die nähere und weitere Umgebung von Podersdorf schon ganz gut erkundet.

Heiner meinte, er wolle heute gleich nach dem Frühstück via Golser Kanal ins Naturschutzgebiet der Zitzmannsdorfer Wiesen wandern. Da wäre auch er noch nicht gewesen. Wir könnten uns ja anschließen, wenn wir Lust hätten. Und ob wir hatten! Zumal auch allein schon die warme Aprilsonne zu einer schönen und bestimmt interessanten Wanderung verlockte. Zudem platzten wir ja bald vor Neugier auf dieses Neuland!

Von Podersdorf aus führte uns der Weg am Nordstrand vorbei Richtung Weiden am See. Auf der rechten Seite begleiteten uns ausgedehnte Weingärten. Aus den Rebstöcken sprossen schon die jungen Weinblätter in ihrem frischen Grün. Und links des Weges erstreckte sich ein schmaler Waldstreifen, mal dichterer Baumbestand, mal lockerer, mit Robinien, Erlen, Pappeln und Ölweiden. Und wie bei den Reben, so war auch das Laub der Bäume noch ziemlich durchsichtig. Was ja auch sehr gut sei, meinte Heiner, wesentlich günstiger als dichtes, undurchdringliches Blättergewirr. So könne man die Vögel besser beobachten. Und man würde auch die Nester noch leichter entdecken.

Heiner, der sich auch bei den Vogelstimmen gut auskannte, konnte unsere Fragen, was da denn wohl für ein Vogel singe, prompt beantworten. Und der Waldstreifen, der sich schätzungsweise sicher über drei Kilometer hinzog, war auch sehr ergiebig und voller Balzgesang

---

Abbildungen rechte Seite: Löffler auf Nahrungssuche im Warmsee (o.). Löffler mit kapitaler Beute am Warmsee (u.)

der verschiedensten Vogelarten. Der vielstimmige Gesang erweckte den Eindruck, als wäre unter den Gefiederten der Sängerwettstreit auf der Wartburg, pardon: im Robinienwald, ausgebrochen.

»Hört ihr? Die Pirole sind auch schon da!«, freute sich Heiner. Ja, wir hörten sie. Sie waren ja auch die lautesten mit ihrem klangvollen »Düdelüdliö«, das sich doch tatsächlich wie Jodeln anhörte. Übertroffen wurden die Pirole lediglich von den zahlreichen Nachtigallen, die uns mit ihrem melodiösen, unermüdlich wiederholten Lied erfreuten. Da geht einem das Herz auf! Und wenn man mal, es kommt ja selten genug vor, so den absoluten Gesangskünstler unter den Singvögeln entdeckt, dann ist man doch recht enttäuscht von seinem äußeren Erscheinungsbild. Kurzum: Mit ihrem äußerst schlichten, rost- und kastanienbraunen Federkleid ist die Nachtigall ein wahrlich unscheinbarer Vogel. Und es wird niemanden wundern, dass der selbst jetzt bei noch blickdurchlässigem Blattwerk an Bäumen und Sträuchern so schwer zu entdecken ist. Nicht zu vergleichen mit einem Pirolmann in seinem leuchtendgelben Federkleid! Wenn der nur nicht so ein Unruhgeist wäre und mal schön ruhig sitzen bliebe ...!

Wie wir beim Weitergehen feststellten, waren auch gefiederte Sänger im Wald unterwegs, die ein so zartes, gezogenes Ziepen von sich geben, das es von ungeübten Ohren schlicht überhört werden kann. Da war

---

Abbildungen linke Seite: Stelzenläufer (o.). Säbelschnäbler (u.)

wieder dieses leise »Ssiih, Ssiih«! Wir blieben stehen und lauschten. Da! Wieder: »Ssiih«! Ein kleiner Schatten huschte durchs Gezweig.

»Das sind Beutelmeisen«, klärte Heiner auf. »Die sind auch nicht sehr auffällig gefärbt, aber kunstvolle Nester bauen die, sehen aus wie Beutel, daher auch *Beutel*meise.«

Kurze Zeit später ist der Wald durch eine freie Fläche unterbrochen, bevor der nächste Waldstreifen kommt. Die bescherte uns einen Blick über buckliges Wiesengelände, hier und da Heckenrosensträucher, bis zum Schilfgürtel. Am Schilfrand standen zwei blütenweiße Reiher. Mit dem Fernglas am Auge verkündete unser Experte: »Silberreiher! Und dort steht auch ein Purpurreiher am Schilf! Seht ihr ihn?« Wir schüttelten den Kopf. Mit bloßem Auge konnten wir ihn nicht entdecken, erst durchs Fernglas. Mit seinem dunkelgraubraunen Gefieder, die Flügeloberdecken noch mit einem leichten Hauch von Purpur versehen, und den schwarzen Streifen am helleren Hals ist er, gerade am Schilf, aber auch wirklich gut getarnt.

Kurz vorm Golser Kanal führt ein Weg durchs Schilf hinaus zum See. Im seichten Wasser auf beiden Seiten des Weges quakten Wasserfrösche (auch Teichfrösche genannt). Dazwischen mischten sich die Flötenrufe der Rotbauchunken ins Froschkonzert. Man spricht da auch vom »Läuten« der Unken. Und tatsächlich: Die Flötenrufe in verschiedenen Tonlagen, vermitteln den Eindruck eines Glockengeläuts. Ein bisschen Fantasie gehört freilich schon dazu.

Während wir weitergingen, kreuzte in schwirrendem Flug und mit metallisch klingendem »Ping-ping-ping« eine kleine Gruppe langschwänziger Vögel dicht vor uns den Weg. Unsere fragenden Blicke verstand Heiner natürlich sofort. »Bartmeisen!« sagt er nur kurz und bündig. Aha, Bartmeisen! Die hatten wir auch noch nie gesehen. Und gleich darauf tauchten wieder welche auf und turnten unter ruhelosem Geflatter und vielen »Pings« im Schilf am Wegrand herum. Ein Männchen tat uns sogar den Gefallen und blieb wenigstens mal für mehrere Sekunden an einem Halm sitzen und ließ sich von uns bestaunen. Mit dem »Bart«, einem breiten, schwarzen, beiderseits vom unteren Augenrand ausgehenden und nach unten spitz zulaufenden Fleck ist der Bartmeisenmann Namensgeber für die ganze »Sippe«.

So plötzlich, wie sie gekommen waren, so plötzlich waren die ruhelosen Bartmeisen auch wieder weitergeflogen. Stattdessen zog jetzt eine Rohrweihe, die in geringer Höhe über dem Schilf kreiste, unsere Blicke auf sich. Und eine Etage höher »ruderte« mit majestätischem Flügelschlag und eingezogenem Hals ein Silberreiher vorüber. Von der anderen Seite kamen jetzt auch noch zwei Löffler geflogen. Ihr Flügelschlag ist wesentlich schneller, und was sie ganz besonders von den Reihern unterscheidet, sie fliegen mit gestrecktem Hals.

Den Löfflern folgte ein Purpurreiher, dem wiederum ein Graureiher. Weiter drinnen im Schilf sang ein Drosselrohrsänger sein geschwätziges Lied voller rauer, schnalzender, rätschender Passagen. Und so laut, dass es weithin zu hören war, viel lauter als der Gesang des kleineren Schilfrohrsängers.

Es gab also dauernd Neues zu entdecken. Wir wollten gerade weitergehen, als ein ungefähr spatzengroßer Vogel aus dem Schilf heraus über den Weg flatterte und auf der anderen Seite an einem stabilen Halm landete. Es ist immer wieder ein Wunder, zu erleben, wie ein Vogel an einem Schilfhalm oder auf einem dünnen Zweig »festmacht«, die womöglich noch durch Wind hin- und hergebeutelt werden. Er kommt schlicht und einfach »angeschossen«, und schon sitzt er wie angeklebt, klappt die Flügel zusammen und fertig ist die Landung! Da müsste ein Vergleich mit den von Menschen gebauten Flugzeugen, da völlig sinnlos, eigentlich fast bestraft werden. Wenn die starten oder landen wollen, brauchen diese unhandlichen, tonnenschweren Apparate dafür kilometerlange Pisten, die auch noch eine Menge Geld kosten und wieder ein Stückchen Natur zubetonieren.

Aber zurück zu dem soeben gelandeten Vogel. Er hatte braune Flügel, schwarzen Kopf und schwarze Kehle. »Ein Rohrammermann«, erklärte unser Experte aus dem Starnberger Land. Die Rohrammer heißt im Volksmund auch noch *Rohrspatz*. Doch »geschimpft wie ein Rohrspatz« hat er nicht, als er so am Schilfhalm saß. Das Lied, das er anstimmte, hatte mit Gesang nicht allzu viel zu tun: nur kurze, einfache Strophen aus hohen und tieferen, mit einigen Trillern garnierten Tönen, jedenfalls herzlich wenig melodiös. So etwas gibt es bei uns Menschen ja auch: Nicht jeder Tenor ist ein Caruso oder Domingo, nicht jede Sopranistin eine Callas oder Netrebko ...!

An diesem Tag einer unserer ersten Erkundungstouren herrschte wirklich reger Flugbetrieb und ein vielstimmiges Vogelkonzert. In manchem späteren Jahr ist das nicht der Fall gewesen. Da sah es eher magerer aus, meinten wir zumindest. Vielleicht waren wir da aber auch immer nur zur falschen Zeit am falschen Platz. Wer weiß? Doch wandern wir weiter!

Bis in die Zitzmannsdorfer Wiesen war es nur noch der bekannte Katzensprung. Nach Überqueren des Golser Kanals (keine Angst, man muss nicht schwimmen, es gibt natürlich einen Steg), waren wir bereits dort.

Wie sich rasch herausstellte, gingen hier unsere und Heiners Interessen getrennte Wege. Er hatte immer wieder das Fernglas am Auge und suchte nach Gefiederten in den zum Teil versumpften und verschilften Wiesen, am Saum des nahen Schilfgürtels und am Himmel. Wir dagegen hatten eher die Pflanzenwelt im Visier, die, wie wir inzwischen gelesen hatten, in den Zitzmannsdorfer Wiesen äußerst vielfältig ist und auch mit Raritäten aufwarten kann.

Dass hier und da auch die leuchtend gelben Schafstelzen dicht über dem Rasen umherflatterten, an Grashalmen sitzend, im sanften Wind schaukelten und dabei ihre leisen Strophen aus feinen Ziep- und Zwitschertönen hören ließen, registrierten wir natürlich so nebenbei auch. Und hätten wir damals schon die entsprechende Fotoausrüstung gehabt, dann, ja, dann hätten wir, na, Sie wissen schon ... So aber galt unser Hauptaugenmerk der Flora, den angespannten Blick primär auf den Boden gerichtet. In Sachen Flora kannte ich mich eh wesentlich besser aus als in der Ornis, der Vogelwelt.

Und siehe da, der Erfolg ließ auch nicht lange auf sich warten! Rechter Hand stieg das wellige Gelände leicht an, bis zu den Weingärten hinauf. In einer Mulde entdeckten wir eine erste Spezies der am Neusiedler See vorkommenden Orchideenarten, das Kleine Knabenkraut, auch Salepknabenkraut genannt. Und während wir, ein paar Schritte weiter, auch noch eine zweite Art, die Spinnenragwurz, fanden und bewunderten, registrierte ich aus dem Augenwinkel eine Bewegung, die anders war, als die der im Wind sich wiegenden Pflanzen. Also, damit hatte ich wahrlich nicht gerechnet! Keine zehn Schritte weiter stand, wie aus dem Boden gewachsen und in höchster Alarmbereitschaft hoch aufgerichtet, ein Ziesel und beobachtete uns gespannt misstrauisch, aber auch neugierig, aus seinen schwarzen, glänzenden Knopfaugen. Aber nur für einen Augenblick, und schon war das Ziesel blitzartig wieder abgetaucht, in seinem unterirdischen Bau verschwunden.

Die aus dem asiatischen Raum eingewanderten Ziesel sind ungefähr 20 Zentimeter lang (mit Schwanz ca. 25 cm) und sehen nicht nur aus wie kleine Murmeltiere, sie sind mit den Alpenmurmeltieren auch verwandt und erhielten hier schon vor Jahren den treffenden Beinamen »Murmeltiere des Burgenlandes«.

Nachdem wir nun die beiden Orchideenarten zur Genüge bewundert hatten und das kleine Ziesel nicht mehr ans Tageslicht kam, setzten wir unseren Erkundungsgang fort, in der Hoffnung auf weitere botanische Raritäten. Was sich bald als berechtigte Hoffnung erwies: Das buckelige, mit Kurzrasen (pannonischer Steppenrasen) bedeckte Gelände links des Weges, das sich in tiefer gelegenes, ebenes Wiesengelände mit hohem Gras zum Schilfgürtel hin absenkte, begrüßte uns schon von weitem mit einem Blütenteppich in Gelb, Blau, Violett und Dunkelrot. Aber was für eine Pflanze war das? Also, nichts wie hin! Aus der Nähe betrachtet, wurde uns auf Anhieb klar: Das konnte nur eine Iris, also eine Schwertlilie sein. Und der Blick in den Pflanzenbestimmer bestätigte die Vermutung. Es war die Zwerg-Schwertlilie. Zwar ist die nur bis zu etwa 15 Zentimeter hoch, aber der Zwergenwuchs betrifft eigentlich nur den Stängel. Die Blüte selbst ist sicher fast so groß wie eine »Erwachsene«, sprich, so groß wie die einer langstieligen Schwertlilie. Jedenfalls hatten wir es hier mit einer stark gefährdeten und deshalb auch streng geschützten Rarität zu tun, die man auf keinen Fall abreißen oder ausgraben darf! In der freien Natur sieht sie auch viel schöner aus!

Heiner hatten wir vor lauter Orchideen und Schwertlilien ganz vergessen. Aber da war er auch selber schuld.

Der hatte uns ja schon vorher vergessen, war einfach weitergelaufen und inzwischen schon eine ganze Ecke von uns weg. Jetzt aber drehte er sich zu uns um und ruderte mit einem Arm in der Luft herum. Damit wollte er uns signalisieren, dass er etwas Interessantes entdeckt hatte und wir sollten schnell kommen. »Weisungsgemäß« beschleunigten wir unseren Schritt. Und als wir bei ihm waren, empfing er uns ganz aufgeregt: »Mensch Meier, schaut mal da hinüber, ja, da gradaus! Im Wasser und am Schilf, seht ihr's? Drei Silbereiher, zwei Graureiher, zwei Löffler und bissel abseits noch ein Purpurreiher! Wahnsinn!« Er reichte mir sein Fernglas: Ja, wirklich, Wahnsinn! Bei der Gelegenheit muss ich aber auch sagen: In den vielen späteren Jahren haben wir besagten »Wahnsinn« an dieser Stelle nie wieder erlebt.

Des Wahnsinns aber noch längst nicht genug. Heiner hatte sich umgedreht und schaute Richtung See, den man von dieser etwas erhöhten Warte aus als schmalen Strich sehen konnte, und rief plötzlich: »Dreht euch mal um! Ja, Kruzifix (im »Preiß« meldete sich der Bayer), was fliegt denn do umanand?« Ein zimtfarbener, schwarz-weiß gestreifter Vogel war's, der tief über der Wiese dahinflatterte, um schließlich auf einem der verstreut im Gelände stehenden Heckenrosenbüsche eine Zwischenlandung einzulegen. Dort blieb er auch eine ganze Weile sitzen und gab uns freundlicherweise die Möglichkeit, ihn in Ruhe durchs Fernglas zu betrachten.

Abbildungen rechte Seite: Uferschnepfe (o.). Flussregenpfeifer(u.)

»Und«, wollte Heiner von mir wissen, »wer ist das?« Dabei sah er mich so triumphierend an, als freue er sich schon darauf, dass ich auch diesen Vogel nicht kennen würde. Ha! Da war er aber schief gewickelt! Wenn ich ihn in freier Natur bisher auch nur ein einziges Mal, und das nur von ganz weit weg, gesehen hatte. Doch gespielt allwissend sagte ich: »Wer das ist? Na, wer wohl? Ein Wiedehopf natürlich!« Heiner, unser Vogelkenner, war wohl ein wenig enttäuscht, konnte aber seine Anerkennung nicht verbergen. »Öha, sog i do bloß, öha!« Und grinste breit. Zwischen uns beiden ging es halt schon so zu wie unter alten Freunden, obwohl wir uns erst vor Tagen kennengelernt hatten. Der Wiedehopf indessen fand sich genug bewundert, stimmte sein »hup-hup-hup« an und schwang sich vom Rosenbusch auf die Wiese hinunter, um eine saftige Heuschrecke, eine fette Larve oder was es für seine Art sonst noch an Köstlichkeiten gibt, aufzustöbern, die er doch alle so zum Fressen gern hatte.

Diese Gedanken und ein Blick auf die Uhr erinnerten uns daran, dass auch wir allmählich Hunger bekamen. Arg schnell kamen wir auf dem Heimweg aber nicht voran. Es gab noch so viel zu sehen. Auf einer Wiese entdeckten wir erstes Federgras, dessen lange, weißbehaarte Grannen im lauen Lüftchen schaukelten. Ab Mai blüht das Federgras, im Volksmund auch Frauenhaar genannt, erst so richtig und überzieht ganze

---

Abbildungen linke Seite: Rotschenkel (o.). Grünschenkel (u.).

Wiesenflächen. Wenn dazu noch der pannonische Wind weht und das tut er hier ja gern, dann verwandeln sich die Wiesen in ein Meer aus sanft dahinfließenden, silbrig-weißen Wellen. Es ist immer wieder ein faszinierender Anblick!

In den Weingärten sahen wir später auch noch Bluthänflinge und Schwarzkehlchen. Und im Robinienwald einen Blutspecht. Der ist, wie so manche Tiere und Pflanzen hier, auch aus dem Osten eingewandert. Von unserem Buntspecht unterscheidet ihn lediglich ein fehlendes kleines schwarzes Querband auf den Hinterohrdecken. Und das macht ihn zu einer Rarität.

Nach unserer in vielerlei Hinsicht ergiebigen Erkundungstour sind wir schließlich am späteren Mittag wieder im Haus Pannonia eingelaufen. Fürs Erste waren wir ganz ordentlich »marschiert« und nun auch richtig froh, uns gemütlich hinsetzen zu können. Und etwas gegen Hunger und Durst gab es im »Pannonia« schließlich auch.

Trabende »Löffel«, sprintende »Stöcke« und flinke »Säbel«

Freund Heiner, rund zehn Jahre älter als ich, ist nun leider schon seit dreizehn Jahren nicht mehr unter uns. Er war es jedenfalls, der mir die ersten ornithologischen Gehversuche in freier Natur beigebracht und in mir erst so richtig den Appetit auf die Vogelpirsch geweckt hat. Von ihm habe ich auch gleich die Gewohnheit übernommen, jeweils am Tag nach der Ankunft am Neusiedler See eine Informationsrundfahrt zu unternehmen, um grob zu erkunden, wo es Interessantes zu sehen gibt. Erst dann ging es ins Detail, mit anderen Worten: Erst dann wurden die verschiedenen Vogelarten individuell aufs Korn genommen, intensiv beobachtet und nach Möglichkeit auch fotografiert.

Den Fotografier-Virus wiederum hatte Heiner von mir geerbt. Mit der notwendigen Fotoausrüstung »bewaffnet« gingen wir damals also gemeinsam oder getrennt auf Jagd. Zur richtigen Jagd bestand natürlich ein grundsätzlicher Unterschied. Während unsere Beute weiterleben durfte und nur in Fotos verewigt wurde, um uns auf diese Weise eine schöne Erinnerung zu bleiben, muss die Jagdbeute der Fakultät in Grün dagegen mit dem Leben bezahlen, um in gebratenem Zustand auf dem Teller zu landen.

Viele Zeitgenossen sind zwar nach wie vor fanatische Gegner dieser Form von Jagd, und ich wäre das eigentlich auch ganz gerne, wenn auch nicht unbedingt fanatisch. Aber ich tauge leider überhaupt nicht dazu, weil ich halt zu denen gehöre, die sich nur zu gern mal ein Stück vom zarten Rehrücken einverleiben. Unter uns: Es darf auch »nur« von der Keule sein ...

Auf einer dieser Informationsrundfahrten, es war in den Achtzigerjahren, herrlicher Sonnenschein und erfreulich hoher Wasserstand in den Lacken des Seewinkels inklusive, machte ich im Darscho, auch Warmsee genannt, der sich ein paar Meter abseits des Güterwegs Apetlon-Frauenkirchen ausbreitet, drei Löffler aus. Löffler heißen sie wegen des langen, an der Spitze löffelartig ausgeformten Schnabels. Sie sind ein wenig kleiner als Schwäne. Vor allem der Hals ist bei weitem nicht so lang.

Zum Fotografieren mit dem 400er Tele waren sie allerdings zu weit weg. Aber sie bewegten sich beim eifrigen Löffeln nach Fressbarem auf mich zu. Also blieb ich im Auto sitzen und wartete. Doch dann drehten sie auf einmal um und entfernten sich immer weiter weg in Richtung Schilfgürtel auf der anderen Lackenseite. Nachdem ich sowieso noch nicht fertig war mit meiner Informationstour, gab ich kurz entschlossen auf und fuhr weiter zur Neubruchlacke beim Apetloner Badesee. Die Löffler vom Warmsee, nahm ich mir vor, würde ich am nächsten Tag nochmals aufs Korn nehmen, falls sie dann nicht durch Abwesenheit glänzten. Verlass war darauf ja nie. Da geht es ja nicht nach Fahrplan ...

Die flache Neubruchlacke war so gut gefüllt, dass

die uns schon seit Jahren bekannte lange und schmale Insel, ungefähr in der Lackenmitte gelegen, gerade noch so eben aus dem Wasser herausschaute. Auch dieses Jahr waren dort wieder Säbelschnäbler am Brüten. Ich hab's damals leider nicht notiert, aber ich glaube, es waren acht besetzte Nester. Auf eines mehr oder weniger kommt es ja wohl auch nicht an. Die Partner der auf den Eiern sitzenden Säbelschnäbler waren auf Nahrungssuche rund um die Insel verteilt. Dabei ließen sie den dünnen, säbelartig nach obengebogenen, leicht geöffneten Schnabel hin und her durchs seichte Wasser schwingen, um auf diese Weise kleine Insektenlarven und Krebstierchen aufzunehmen. Zum Fotografieren war das freilich nichts, viel zu weit weg. Und selbst Jahre später, als ich mit einer wesentlich längeren »Tüte« (Fachjargon für Teleobjektiv) aufkreuzte, war das Fotografieren der Säbelschnäbler dort draußen allein schon wegen der flimmernden Luft nicht möglich.

Wie ich mir vorgenommen hatte, fuhr ich am nächsten Tag gleich nach dem Frühstück wegen der Löffler wieder zum Warmsee. Statt der drei Löffler von gestern waren es heute sogar vier. Na, bitte! Aber ganz drüben am Schilfrand auf der anderen Seite! Und das war natürlich ausgesprochen doof, um es mal so salopp auszudrücken! Ich hätte auch >Mist< oder noch krasser ... sagen können. In solchen Augenblicken der Enttäuschung lässt sicherlich auch der vornehmste Mensch mal seine kontrollierte Ausdrucksweise schleifen!

Das einzige Positive war: Ich hatte heute Zeit zu warten. Und außerdem war weit und breit kein Mensch zu sehen, kein Fußgänger, kein Radler, kein Reiter und auch kein Auto. Also erst einmal das Fenster runterdrehen, die pannonische Sonne brannte eh schon heiß vom wolkenlosen Himmel, die Kamera mit dem 400-er am offenen Fenster unten auflegen. Um unnötiges Verwackeln zu reduzieren, vorher die Auflage mit einem Kissen oder einer Decke abpolstern. Ja, ich weiß, es gibt da selbstverständlich wesentlich bessere Vorrichtungen, um die Verwacklungsgefahr auszuschalten, Eigenbaukonstruktionen (habe inzwischen eine gebastelt, war allerdings noch nicht im Einsatz) und gekaufte. Ich mach's halt noch auf die schlichte, meinetwegen auch: primitive Art. Und es funktioniert! Was will ich mehr? Jahrelange Praxis in Sachen Vogelfotografie hat mir sowieso immer wieder gezeigt, dass ein Hauch von gefühlsmäßiger Genialität und vor allem der glückliche Zufall zu besten Ergebnissen führen können.

Und heute, am Warmsee, schienen auch wieder solche glücklichen Momente zu nahen, nämlich in Form eines der Löffler da drüben. Der hatte sich offensichtlich entschlossen, eigene Wege zu gehen. Er stapfte erst einmal einige Meter in meine Richtung, und plötzlich startete er durch, erhob sich in die Luft und flog direkt auf mich zu! Mein Adrenalinspiegel startete ebenfalls durch und sauste, als das liebe Kerlchen schließlich in nahezu greifbarer Nähe vor mir ins Wasser platschte, in schwindelnde Höhen. Der Löffler nahm keinerlei Notiz von mir, obwohl ich anfing, mit dem langen Telerohr rumzufuchteln, bis ich ihn endlich im Visier hatte. >Jetzt Ruhe, mein Junge!<, sagte ich zu mir, stellte scharf und löste aus, mehrmals, bloß nicht am Filmmaterial sparen!

Der Löffler ignorierte mich vollkommen, was mir nur recht sein konnte. Er musste etwas Außergewöhnliches entdeckt haben, denn er begann, wie wild im Kreis herumzutraben und mit dem Löffelschnabel in der trüben Brühe rumzuwühlen. Allein schon der trabende Gang, so eine Art Passgang auf zwei Beinen, den der Bursche an den Tag legte, war so lustig anzusehen, dass ich mir ein Lächeln, trotz meines konzentrierten Jagdfiebers, nicht verkneifen konnte.

Ich fotografierte am laufenden Band, damit ja brauchbare Aufnahmen dabei waren. Dann war mein Film voll. Also, einen neuen einlegen. Aber, was war das? Ich fummelte in meinen Jackentaschen rum, oh, Schreck lass nach! Kein Film mehr da, alle im Kofferraum. Mist! Was tun? Jetzt war mir alles wurscht! Ungeachtet der Gefahr, dass nun auch der hartnäckigste und sturste Löffler davonfliegen würde, stieg ich in geduckter Haltung aus, ging nach hinten, öffnete den Kofferraum, kramte zwei Filme aus der Fototasche, machte so leise wie möglich den Kofferraumdeckel zu, ging wieder nach vorn, setzte mich ins Auto und ... nichts war geschehen. Mein Löffler tat so, als ginge ihn das alles nichts an!! Er hatte Wichtigeres zu tun und trabte immer noch im Kreis herum. Und während ich noch den Film einlegte, hatte er schon einen dicken Brocken, ich tippte auf Karpfen, im Schnabel. Er warf ihn im Schnabel herum. Mal hing der sperrige Brocken quer, mal längs im Schnabel. Dann verlor der Löffler ihn klatschend ins Wasser, schnappte ihn wieder und schmiss ihn aufs Neue im Schnabel hin und her. Und so ging das noch eine ganze Zeit lang weiter, bis er den Fisch, Kopf voran, im Schnabel so platziert hatte, dass er nun endlich versuchen konnte, ihn zu schlucken. Aber alles Bemühen half nichts, der Bursche war eine Nummer zu groß für ihn, so dass er ihn noch mal, wie wütend durchschüttelte, bevor er ihn ins Wasser schmiss.

Nun stand er eine Weile unschlüssig da, um schließlich vor lauter vergeblicher Anstrengung den Kopf zu schütteln. Doch dann fing er plötzlich wieder an zu traben. Und schon hatte er wieder etwas erwischt. Diesmal war's ein eher bescheidenes Fischlein. Aber das konnte er wenigstens ohne Probleme schlucken. Und es war auf jeden Fall besser als gar nichts! Dann schien er auf einmal die Schnau ...äh ...den Schnabel voll zu haben von dem mühsamen Kampf mit dem großen Fisch. Er erhob sich in die Luft, flog auf die andere Seite des Warmsees und landete am Schilf. Dort fing er, wie ich durchs Fernglas sehen konnte, sofort an, sich ausgiebig zu putzen, als habe der Fischriese sein makellos weißes Gefieder in unzulässiger Weise verunreinigt. Übrigens, weil ich gerade das weiße Federkleid erwähne: Wenn ein Löffler einen gelben Fleck am Hals hat, so handelt

---

Abbildungen rechte Seite: Brandgänse (o.l.). Junger Stelzenläufer (o.r.). Stelzenläufer (u.)

es sich um ein erwachsenes Tier.

So, nun hätte ich eigentlich für heute Schluss machen, meinen »Kram« einpacken und nach Podersdorf zurückfahren können. Bei diesem schier unglaublichen Erlebnis mit dem Löffler und den vielen Fotos, die ich von ihm schießen konnte, hatte ich es ja wohl verdient, den Rest des Tages zu faulenzen. Es ist zwar nicht unbedingt einfach, bei derart rasant bewegten Motiven wirklich gute Bilder wegzuschnappen, aber ich glaube schon, dass es gelungen ist - wie Sie sich selbst überzeugen können.

Doch nix war's mit dem Faulenzen! Daraus wurde nichts! Das ging nicht, jetzt schon gar nicht!. Denn rechts vom Auto, ich wollte es gerade starten, auf dem kleinen Wiesenhang, der oben in eine Buckelwiese bis zur Straße hin ausläuft, fiel mir ein schlanker Stock auf, der dort in der Erde steckte. Ich hätte ja nichts dabei gefunden, wenn ich nicht gemeint hätte, aus dem Augenwinkel eine kurze Bewegung bemerkt zu haben. Ich verhielt mich ganz still. Und siehe da, plötzlich fiel der Stock um und rannte los, im rasanten Trippelsprint vorm Auto quer über den Weg, und richtete sich auf der linken Seite wieder auf, um das Auto neugierig und auch mit Misstrauen unter die Lupe zu nehmen. Der Stock hatte zudem noch große schwarze Knopfaugen und war, hatte ich's doch gleich vermutet, in Wirklichkeit eines dieser

---

Abbildungen linke Seite: Turmfalke (o.l.). Beutelmeise (o.r.). Sperbergrasmücke (u.).

putzigen Ziesel, der bereits erwähnten »Murmeltiere des Burgenlandes«.

Zum Fotografieren des Ziesels stand ich mit dem Auto eigentlich recht günstig. Aber *recht* günstig heißt nicht unbedingt *wirklich* günstig. Ganz ehrlich: Ein paar Meter weiter vorn wäre schon besser gewesen. Egal wie, ich riskierte das blitzartige Verschwinden des Ziesels, im stillen Vertrauen auf seine Neugier, denn neugierig sind sie ja in hohem Maße, diese kleinen Nager. Und es geschah, wie vorausgesehen. Schon als ich den Motor anließ, war er weg. Kurz darauf, ich hatte gerade die richtige Position eingenommen, tauchte das liebe Tierchen wieder auf und ließ sich aus gut fünf Metern bereitwillig fotografieren. Das ist bei 400-er Brennweite eine Entfernung, die ein Tier dieser Größe, wenigstens im Querformat brauchbar groß abbildet, im Hochformat, selbst wenn es senkrecht aufgerichtet steht, eher weniger. Von formatfüllend, in beiden Fällen, gar nicht zu reden. Da muss man schon noch näher ran ans Tier. Und das ist schwierig, erfordert viel Geduld und führt oft überhaupt nicht zum Erfolg, weil das Tier so viel menschliche Nähe nicht verträgt und verschwindet.

Die Sache mit der Tarnung

Das Auto ist also eine hervorragende Tarnung! Und wesentlich bequemer zu handhaben als ein Tarnzelt. Gut, in den Achtzigerjahren, in dieser Zeit haben sich die vorhin geschilderten Erlebnisse ja abgespielt, war es hier und da möglich, am sichersten mit Genehmigung auf Privatgrundstücken, ein Tarnzelt aufzubauen, so dass die Vögel auf diese Weise, ohne zu stören, fotografiert werden konnten. Für Fotografen eine glückliche Fügung: Vögel können nicht lesen und folglich auch mit den Naturschutzschildern nichts anfangen. Es ist also kein Wunder, solche quasi verirrten Gäste auch mal in privaten Gärten oder auf ähnlichem Gelände anzutreffen.

In den ausgewiesenen Naturschutzgebieten ging es jedenfalls kaum irgendwo, ein Tarnzelt aufzustellen (es hätte zumindest nicht gehen *sollen* ...!). Und heute? Heute haben wir es hier im Seewinkel mit einem Nationalpark zu tun, und da herrscht natürlich absolutes Verbot für solche Unternehmungen. Die zahlreichen Nationalparkwarte (weil mir die Bezeichnung zu lang ist, werde ich sie ab sofort nur noch *Ranger* nennen, zumal Englisch ja *in* ist ...) sind ständig mit Auto und Funk unterwegs und sorgen dafür, dass keiner der »geliebten« Naturfotografen auf Abwege gerät.

Manchmal werden die Verbotszonen aber auch recht kleinlich ausgelegt. Da kann es schon mal um Zentimeter gehen, die ein Auto mit zwei Rädern neben dem erlaubten Fahrweg steht. Ich habe das selber schon erlebt. Der Ranger, der das bemängelte, tat dies zwar auf eine nette Art und Weise und hat sich dann noch lange mit mir unterhalten. Das wiederum ging dann aber *zu* lange, denn als wir ausgeredet hatten und der Ranger weggefahren war, hatte sich mein Motiv, auf das meine Frau und ich vorher schon Stunden sehnsüchtig gewartet hatten, von selber erledigt. Wir konnten es schon am Gesicht des Menschen im Auto auf der anderen Seite, das ordnungsgemäß auf dem Weg stand, ablesen, als er Gas gab und mit Siegerlächeln davonfuhr. Der hatte seine Aufnahmen im Kasten! Wir gönnten ihm das zwar, aber eigentlich war *er* ja, natürlich ohne es zu wissen, schuld, denn hätte ich unser Auto auch exakt auf den Weg gestellt, so wäre an der Stelle kein Bauer mit seinem Traktor mehr durchgekommen. Es waren ja welche unterwegs. Und das hätte auch wieder Ärger gegeben. Also, wie man's macht, man macht's verkehrt!

Es ist drum dringend angeraten, im Nationalpark auf jeden Fall die vorgeschriebenen Spielregeln exakt einzuhalten. Das größere Problem sind da noch eher die »Andersgläubigen«, sprich die an der Vogelwelt normalerweise nur am Rande oder überhaupt nicht interessierten Radler und Wanderer, die dem Typen, der wiederum weder radeln noch wandern, sondern aus dem Auto heraus unbedingt diese Piepmätze fotografieren will – zumindest teilweise und ohne böse Absicht –, das Leben schwer machen. Andererseits, wenn auch die Einsicht in solchen Momenten schwerfällt, genießt der

Fotograf ja keine Sonderrechte. Und schließlich liegen ja auch die Vogelfotografen untereinander in stummer Konkurrenzfehde. Jeder will doch die besten Aufnahmen schießen und verteidigt seinen besonders günstigen Platz mit für den Konkurrenten unerträglicher Penetranz. Da gibt es nur die Möglichkeit, den passenden Augenblick abzupassen, wo der Andere fertig ist und den betreffenden Platz sofort zu besetzen. Als letzte, leider oft einzig mögliche Lösung bleibt dann nur noch der Verzicht übrig, wenn's, je nach Attraktivität des Objekts, auch wehtut! Grundsätzlich sollte man jedenfalls diesen besonders neuralgischen Plätzen aus dem Wege gehen.

Bei unserem letzten Aufenthalt am Neusiedler See sind wir auf einen solchen neuralgischen Platz gestoßen. Das war der neuralgischste Platz aller neuralgischen Plätze! Nicht zu übersehen, aber auch *zu* verlockend! Das muss ich unbedingt erzählen.

Auf einer sonntäglichen Rundfahrt kamen wir auch an den Oberen Stinkersee, wo wir etwas noch nie Dagewesenes erlebten. Abgesehen davon, dass er auch dieses Mal nicht den Nachweis für die Berechtigung seiner zweiten Namenshälfte verweigerte, indem er — erfreulicherweise — schlicht nicht stinken wollte, konnten wir jedoch eine andere, völlig neue Erkenntnis gewinnen: Da gab es doch tatsächlich erwachsene Menschen, die einen Beobachtungsstand in einen Zustand verwandelt hatten, als ob ein Kaufhaus soeben seine Pforten zum Sommerschlussverkauf geöffnet hätte! Auf dem schon recht windschiefen Beobachtungsstand herrschte ein unglaubliches Gedränge von Menschen, die um die vorderen Plätze kämpften, um auch wirklich was sehen und fotografieren zu können. Und die schmale Straße entlang des Oberen Stinkersees war gesäumt von einer dicht gedrängten Schlange parkender Autos, zum Teil auf beiden Seiten. Wir kamen mit unserem Wagen kaum noch durch. Unglaublich! Das hatten wir also wirklich noch nie erlebt!

Und was war der Grund für das Gedränge? Nachdem wir ziemlich weit weg einen Abstellplatz gefunden hatten, gingen wir zurück und konnten mit einiger Mühe einen Blick erhaschen. Da waren Stelzenläufer mit Jungen und Säbelschnäbler. Die Altvögel führten zur Verteidigung der Jungen wahre Veitstänze auf. Eine faszinierende Schau! Jetzt wunderte uns der Ansturm der Massen nicht mehr. Was tun? Schließlich wollte ich dieses Schauspiel doch auch in den Kasten bekommen. Doch musste ich einsehen, dass es für mich heute keinen Sinn hatte. In dem Gedränge bekäme ich, zumal mit Oberschenkelprothese nicht sehr verteidigungsfähig, nicht eine einzige gescheite Aufnahme zustande. Vorher würde ich dort oben eingeklemmt und zerquetscht. Also, morgen wieder herfahren, vielleicht ist's dann etwas ruhiger, morgen ist Montag.

Ich bin zwar erst am Dienstag dazugekommen, wieder hinzufahren, aber der Zeitpunkt war gerade noch richtig, denn der Wasserstand war infolge der Trockenheit der letzten Tage schon ziemlich zurückgegangen. Auf dem Beobachtungsstand gab es nicht mehr solch ein Gedränge. Auch für mich war noch ein Plätzchen frei. Und im seichten Wasser herrschte reges fotogenes Leben. Dem Fotografieren von Säbelschnäblern und Stelzenläufern samt putzigen Jungen stand also nichts mehr im Wege. Die Kamera mit dem Teleskop hatte ich auf ein stabiles Dreibeinstativ geschraubt, um jede Verwacklungsgefahr zu vermeiden. Links und rechts von mir ratterten die Digitalkameras wie die Nähmaschinen. Da konnte ich mit meinem analogen »Geschirr« natürlich nicht mithalten. Von meinem rechten Nebenmann erntete ich drum auch ein zwar freundliches, aber dennoch leicht mitleidiges Lächeln. Als er mich dann jedoch fragte, was für eine Brennweite das »kleine Rohr« denn hätte und ich ihm stolz »Knapp einen Meter dreißig!« verkündete, da hatte er begriffen. Und sein mitleidvolles Lächeln verwandelte sich in ein verständnisvolles: »Aha, so ist das! Ein Spiegelteleskop!« Dann ließ er wieder, für weitere Serienaufnahmen seine Nähmaschine rattern.

Wie man sieht, bietet also auch so ein Beobachtungsstand eine ausgezeichnete Tarnung. Die gefiederten Akteure lieferten heute das schönste Beispiel dafür. Sie nahmen von dem Menschenauflauf, der nicht nur dauernd in wogender Bewegung war, sondern auch überhaupt nicht leise, nicht die geringste Notiz. Sie hielten noch nicht einmal den geringsten Respektabstand ein! Alles spielte sich unmittelbar vor dem Stand ab. Die Natur lässt einen doch immer wieder staunen ...!

Inzwischen war es schon Nachmittag geworden, und wir beschlossen, nach Podersdorf zurückzufahren und unser interessantes Fotoerlebnis auf der »Pannonia«-Terrasse bei einem Eiskaffee ausklingen zu lassen. Auch wegen der pannonischen Sonne, die heute wieder gnadenlos vom Himmel brannte, eine willkommene Sache.

Im Übrigen stand uns heute auch noch ein freudiges Ereignis (nein, nein, nix Geburt!) bevor: Die Ankunft unseres Freundes Werner aus dem Münsterland! Mit ihm und seiner Marianne, diesmal leider nicht dabei, sind wir schon fast vierzig Jahre befreundet! Obwohl die beiden schon über dreißig Jahre im Münsterland leben, hat sich die Freundschaft eher gefestigt. Was auch daran liegt, dass wir uns fast alljährlich in Podersdorf treffen und auf Vogelpirsch gehen. Auch Werners Leidenschaft ein typischer Fall von *Morbus Ornithomanicus*. Also dieselbe Wellenlänge.

Abbildungen rechte Seite: Ziesel (o.l.). Hutweide mit Ziehbrunnen (o.r.). Schafstelze (u.l.). Sperbergrasmücke (u.r.)

Ausschuss ist nicht nur Schrott

Während der vielen Jahre, die wir nun schon zur Frühlingszeit nach Podersdorf an den Neusiedler See fahren und auch immer in demselben Haus wohnen, haben wir eine Menge Leute kennengelernt. Darunter naturgemäß solche und solche. Alle können einem ja auch nicht gleichermaßen so sympathisch erscheinen, dass man sie gleich als Dauergesprächspartner am Tisch oder gar unbedingt zum Freund haben möchte.

Aber da gab es auch die berühmten Zufälle, wo uns, wenn wir nur zu zweit waren, aber einen Fünfertisch belegten, bei Hochbetrieb Leute an den Tisch gesetzt wurden, unter denen sich welche befanden, die sich im Nu als sehr angenehme Gesprächspartner entpuppten. Vor allem mit zwei Ehepaaren, bei dem einem ist vor Jahren leider die Frau gestorben, hat sich im Laufe der Zeit ein sehr freundschaftliches Verhältnis entwickelt. Seit einigen Jahren schon sind wir alle, Werner und Marianne aus dem Münsterland inklusive, so etwas wie eine eingeschworene Gemeinschaft geworden. Da die »Neuzugänge«, sprich das Ehepaar und der einzelne Herr, im weiteren Verlauf des öfteren auftreten werden, möchte ich sie etwas näher vorstellen.

Bei dem Ehepaar handelt es sich um Maria und Anton aus St. Gallen in der Schweiz. Beide sind Rent-

---

Abbildungen linke Seite: Braunkehlchen (o.). Schwarzkehlchen (u.l.). Junges Schwarzkehlchen (u.r.).

ner, also auch nicht mehr die Jüngsten (der Schreiber dieser Zeilen ja ebenso wenig). Anton hatte einen in der Schweiz nicht gerade ungewöhnlichen Beruf: Er war in Bankgeschäften tätig gewesen, also Banker, wie's auf Neudeutsch heißt. Der Umgang mit Geld ist ihm folglich nicht unbekannt. Er und seine Maria sind übrigens keine Ornithomanen. Sie haben wohl auch einen Blick für die Natur, wandeln ansonsten aber per Auto gern des öfteren auf den Spuren der im Burgenland reichlich vorhandenen Kultur. Das Land ist ja außerordentlich geschichtsträchtig. Zahllose Kulturdenkmäler zeugen davon, zum Beispiel Schlösser und Burgen, Dörfer mit malerischen alten Häusern, Gassen und Kirchen, außerdem interessante Museen. Ich denke da beispielsweise an das Dorfmuseum in Mönchhof, an das Schloss Halbturn mit seinen interessanten Ausstellungen, an die Basilika in Frauenkirchen, die zu den schönsten barocken Gotteshäusern Österreichs zählt, oder an Eisenstadt mit Schloss Esterhazy, dem Haydn-Museum, der Bergkirche mit dem Haydn-Mausoleum, oder die Burg Forchtenstein bei Mattersburg. Und auch im benachbarten March-Donauland gibt es viele Sehenswürdigkeiten, zum Beispiel Petronell mit dem größten Ausgrabungsfeld Österreichs aus der Römerzeit, als hier zu Beginn unserer Zeitrechnung Carnuntum, der wichtigste römische Ort im mittleren Donauraum lag, oder das Kaiserliche Festschloss Hof, Österreichs größte Schlossanlage. Unsere Schweizer waren gestern dort. Ganz begeistert haben sie am Abend von ihrem interessanten Ausflug berichtet.

Der einzelne Herr ist Herr Josef aus Lübeck, der Älteste unserer »Clique«. Wer sein Alter nach seinem Äußeren einschätzt und auf allerhöchstens Siebzig tippt, kann Herrn Josef nur ein mildes Lächeln abringen (unter uns: er ist achtzig vorbei!). Wer ihn in seiner geistigen und körperlichen Vitalität erlebt, wird vor lauter Respekt und Bewunderung vielleicht in den heute gebräuchlichen Satz >Der ist ja fit wie ein Turnschuh!< ausbrechen. Na ja, jeder weiß zwar, was gemeint ist, aber streng genommen, bitteschön, ist das alles Mögliche, nur kein Kompliment. Was ist denn an einem Turnschuh schon fit? Ohne Füße als Inhalt bewegt der sich doch keinen Millimeter, steht nur sinnlos in der Gegend rum!

Wie dem auch sei: Herr Josef aus Lübeck ist vital, voller Ideen, Humor und Ironie. Er war es auch, der während eines gemütlichen Beisammenseins am Abend, als wir uns tief in noch tiefer schürfende Gespräche vertieft hatten, auf die Idee kam, wir müssten unserem Diskutier-Zirkel, der doch so hehre, weltverbessernde Ziele verfolge, einen entsprechend bedeutenden Namen geben. Er würde >*Ausschuss*< vorschlagen. Die Diskussionen selbst würden dann folgerichtig in >*Ausschuss-Sitzungen*< durchgeführt. Meine Bedenken, durch die Technikerbrille betrachtet sei Ausschuss gleich Schrott, konterte er lapidar mit der Frage, was denn eigentlich so tragisch daran sei, tiefschürfende Gespräche mit tiefschürfendem Schrott zu mischen, das könne die Sache nur beleben. So *ungefähr* hat er, glaube ich wenigstens mich erinnern zu können, damals argumentiert. Grundsätzlich ist ja auch nichts dagegen einzuwenden.

Auf diese ergreifende Art und Weise sind wir also zum *Ausschuss* mutiert, der bei Treffen am Neusiedler See allabendlich seine Sitzungen abzuhalten hat! Inzwischen ist diese Vorschrift auch für Treffen in der Heimat gültig.

Herr Josef ist vom *Virus Ornithomanicus* nur marginal und sporadisch befallen. Seine Leidenschaft gilt mehr der Botanik der Region Neusiedler See, der er mit dem Fotoapparat »zu Leibe« rückt. Von Beruf war Herr Josef Buchhändler. Allein das schon Grund genug, sehr belesen und gebildet zu sein. Für unseren Ausschuss ist er auf jeden Fall eine perfekte Bereicherung und immer wieder für köstliche und bedenkenswerte Überraschungen gut! Und wenn jemand mal erstaunt kundtut, wie wenig er gerade jetzt mit dieser Überraschung gerechnet hätte, so bekommt er prompt zur Antwort: »Bei mir müssen Sie mit allem rechnen!« Also, bittesehr, da weiß man wenigstens, woran man ist …!

An der Illmitzer Dammstraße

In unseren ersten Podersdorfer Jahren war der Strand noch sozusagen naturbelassen. An die modernen Strandanlagen von heute war damals noch nicht zu denken. Dafür gab es eine andere Attraktion am Strand: einen blütenweißen Silberreiher. Der stand täglich frühmorgens, nachdem er sich seinen Frühstücksfang einverleibt hatte, am Strand und widmete sich ausgiebig der Gefiederpflege. Wegen der Regelmäßigkeit seines Erscheinens tauften wir ihn auf >Silberreiher vom Dienst<.

Die neuen, weitläufigen Strandanlagen gibt es nun schon seit vielen Jahren. Schöne Spazierwege, viele Ruhebänke, Blick auf den See und in die Sonne inklusive, gepflegter Rasen mit Sonnenliegen, tolle Spieleinrichtungen für die Kinder, Toilettenanlagen, Umkleidekabinen, Strandcafé und Surfrestaurant, dies nur einige der Annehmlichkeiten, die den Besucher zum Verweilen verlocken. Dem Silberreiher vom Dienst, von der Natur mit völlig anderen Interessen ausgestattet, haben diese Strandanlagen mit der damit verbundenen Unruhe (da sind am frühen Morgen ja schon Jogger unterwegs) natürlich überhaupt nicht gefallen. Er war verstimmt und hat seitdem seine regelmäßigen Besuche eingestellt.

Eigentlich schade! Aber da gibt es ja auch noch die Illmitzer Dammstraße, von der aus man immer, sagen wir besser: fast immer, Silberreiher bei der Pirsch beobachten kann. Ganz abgesehen von denen, die mit ruhigem, weit ausgreifenden Flügelschlag im Tiefflug über das Schilf dahinrudern.

So beschlossen Werner und ich also eines schönen Tages mit pannonischem Sonnenschein gleich beim Frühstück, anschließend nach Illmitz zu fahren und nach den Silberreihern, dem Paradevogel des Neusiedler Sees, zu schauen. Wie meist bei gemeinsamen Unternehmungen, fuhren wir jedoch jeder mit dem eigenen Auto, um voneinander unabhängig zu sein. Es war ja immer wieder mal vorgekommen, dass der eine etwas Tolles entdeckt hatte, was er unbedingt in den Kasten bekommen wollte, wofür aber viel Geduld und Zeit nötig war. So konnte der Partner, der nichts Interessantes vor die fotografische Flinte bekam, eigene Wege gehen. Obwohl das ökologisch nicht sinnvoll sein mag, wenn, wie in diesem Falle, drei Leute in zwei Autos fahren, so hoffen wir jedoch im Stillen auf das wohlwollende Verständnis seitens der betreffenden Gralshüter …!

Unsere Aktion >Illmitzer Dammstraße< stand, wie wir bald feststellen konnten, unter einem guten Stern! Es herrschte reger Flugbetrieb! Und in den >Lagunen<, wie ich die freien Wasserflächen im Schilfgürtel gern nenne, regte sich auch einiges Leben. Da staksten Stelzenläufer mit ihren langen, knallroten Stelzenbeinen im Wasser umher und stocherten nach köstlichen Würmern, Larven und ähnlich nahrhaftem >Kleinkram<. Kolbenenten, Löffelenten und Blässhühner waren auch unterwegs. Und plötzlich tauchte, gar nicht weit vom Ufer weg, ein

Haubentaucher auf. Die sind bei uns daheim auf den Baggerseen der Oberrheinebene kein ungewöhnlicher Anblick. Am Neusiedler See jedoch, wie ich von einem der Ranger erfuhr, sei der Haubentaucher eine Rarität.

So fuhren wir im Schritttempo, die Kamera schon im Anschlag, die Dammstraße in Richtung Seebad, um erst einmal alle Lagunen zu inspizieren und vor allem nach Silberreihern Ausschau zu halten. Es waren wohl einige zu sehen, aber zum Fotografieren zu weit weg. Obwohl ich, und das darf ich in dem Zusammenhang ja nicht vergessen zu erwähnen, ab sofort nicht mehr das 400-er Teleobjektiv im Einsatz hatte, sondern meine neueste Errungenschaft: ein Yashica-Gehäuse über Adapterring an meinem kleinen astronomischen Spiegelteleskop, dem ETX 90 von Meade. Aus der astronomischen Montierung genommen, kann man das Teleskop ohne weiteres für >terrestrische< Aufnahmen, wie es im Fachjargon heißt, einsetzen. Die ganze Apparatur ist rund vierzig Zentimeter lang, nicht schwer und somit recht handlich. Wenngleich ich einschränkend sagen muss, das der Umgang mit dem Gerät einiger Gewöhnung bedarf. Vor allem ist bei einer Brennweite von knapp einem Meter dreißig (!) und der damit, trotz konstanter Blende 16, verbundenen minimalen Schärfentiefe das Fokussieren, also Scharfstellen, nicht einfach. Da merkst du schon gleich, dass das Teleskop nicht speziell fürs Fotografieren von Schnappschüssen konstruiert worden ist. Allein das Auffinden des Objekts der fotografischen Begierde ist schon schwierig, zumal das bequeme, nur achtfach vergrößernde Suchfernrohr kaum oder überhaupt nicht benutzt werden kann. Zu dem Zweck müsstest du schon so eine Art Schlangenmensch sein, zumindest einen Schwanenhals haben. Und konstant Blende 16 ist auch nicht ideal, denn das geht auf Kosten der Verschlussgeschwindigkeit. Es ist ja nicht immer so hell, dass du mit 1/250 oder gar 1/500 Sekunde fotografieren kannst. Was aber bei diesen unruhigen Piepmätzen meist nötig wäre.

Aber ich will hier nicht mies machen. Das Fotografieren mit so einem Teleskop hat natürlich auch seine Vorteile gegenüber einem Teleobjektiv. Bei den Teleobjektiven gibt es eine unterste Scharfstellgrenze. Bei meinem 400-er Telyt liegt die bei rund vier Metern. So nah muss ich bei der Brennweite aber beispielsweise einer Amsel ans Gefieder gehen, um sie wenigstens einigermaßen groß im Bild zu haben. Mit dem Teleskop ist das anders. Damit kann ich so nah ran, dass ich selbst so was Kleines wie einen Laubfrosch formatfüllend fotografieren kann und im nächsten Moment einen Silberreiher, fast so groß wie ein Storch, auf mehr als fünfzig Meter. Im Übrigen ist eben alles Übungssache, und das nötige Quäntchen Glück gehört natürlich auch dazu. Und reichlich Filmmaterial ebenso. Demnächst wird's für mich sowieso noch mal anders, ich habe mir nämlich eine digitale Spiegelreflex-Kamera zugelegt,

---

Abbildungen rechte Seite: Storch auf Barockhaus in Apetlon (o.l.). Laubfrosch (o.r.). Fasan (u.l.). Blutspecht (u.r.).

die über einen speziellen Adapterring ebenfalls ans Teleskop angesetzt werden kann. Dann habe ich sogar fast zwei Meter Brennweite! Damit kann ich demnächst auf fünf Meter – gewissermaßen – Fliegen(-porträts) von der Wand schießen …! Doch nun wieder zurück zur Illmitzer Dammstraße!

Die Silberreiher, die wir vorhin schon entdeckt hatten, sind noch da, aber selbst für mein Teleskop, diesmal noch mit analoger Kamera bestückt, für >gescheite< Fotos immer noch zu weit weg. Trotzdem! An einem Platz am breiten, naturbelassenen Fahrweg für die mit Touristen beladenen Pferdefuhrwerke, stelle ich mich mit dem Auto hin. Von dort habe ich einen günstigen Ausblick auf die Lagune, wo weit hinten ein Silberreiher steht und offensichtlich angespannt darauf wartet, dass ein netter Fisch so leichtsinnig ist, ihm vor den dolchartigen Schnabel zu schwimmen. Und wir – meine Frau hinten, ich vorne, die Kamera schussbereit – warten nun darauf, dass irgendetwas Fotogenes passiert, der Reiher da hinten sich endlich entschließt näher zu kommen oder sich die links drüben, verdeckt hinter einer Schilfinsel, umherstelzenden Stelzenläufer aus der Deckung hervortrauen. Aber es geschieht nichts dergleichen. Der Wasserspiegel liegt still und glatt. Eine Rohrweihe, die über uns hinwegsegelt, spiegelt sich darin. Die pannonische Sonne brennt vom wolkenlosen Himmel uns aufs Blechdach und treibt uns die Schweiß-

---

Abbildungen linke Seite: Wiedehopf (o.). Bienenfresser (u.).

tropfen aus allen Poren.

Wir geben die Hoffnung nicht auf und warten weiter. Allmählich geht's auf Mittag zu. Fuhrwerke kommen keine mehr, und der Radelbetrieb auf den Radwegen links und rechts der Dammstraße hat auch nachgelassen. >Also, worauf wartet ihr noch, ihr Silberreiher, ihr Stelzenläufer, ihr Löffler? Die Luft ist rein. Und ich will euch ja bloß fotografieren. Also bitte!<

Meine Stoßgebete nützen nichts. Oder doch?? Soeben ist rechts, wie ich aus dem Augenwinkel noch mitgekriegt habe, ein Silberreiher im Schilf niedergegangen. Und da er nicht mehr hochsteigt, ganz offensichtlich gelandet (oder besser >gewassert<?). Gar nicht so weit von meinem Standort entfernt. Die Spannung steigt! Kommt er oder kommt er nicht? Er kommt! Keine fünfzig Meter von meinem Standort entfernt kommt er gemächlichen Stelzschrittes aus dem Schilf heraus. Ich kann erste Aufnahmen machen. >Jawohl so stehst du genau richtig, mein Freund!<

Fürs Erste bin ich zufrieden. Und mit so etwas wie Jagdfieber randvoll, bin ich gespannt, was er nun machen wird. Und was macht er? Er dreht auf einmal um und verschwindet wieder im Schilf. Ja, und jetzt? >Nicht aufgeben!<, sage ich mir. Und warte! Da können Minuten zu Stunden werden. Trotzdem: Weiter warten, wie es die Erfahrung schon so oft gelehrt hat.

Was dann aber nach längerer Wartezeit passiert, gehört zu den absolut außergewöhnlichen Erlebnissen. Erst hören wir rechter Hand ein leises Plätschern, und dann taucht der Reiher, bisher vom Schilfstreifen am Ufer verdeckt, plötzlich dicht vor uns auf! Keine zehn Meter weg! Da steht er nun und schaut ohne jede Scheu neugierig zu mir her, während ich ihn anvisiere und scharf stelle. Was ich im Sucher sehe, ist ein sauberes Kopfporträt im Profil! Ich hätte zwar gern noch paar Fotos mehr geschossen, aber er hat keine Lust mehr für dieses langweilige Modellstehen, während ihm offensichtlich ein munteres Fischlein direkt vor die Füße geschwommen ist. Urplötzlich geht der lange Hals nach unten. Kurzes Verweilen in gesenkter Position. Dann schnellt der Kopf zurück, stößt gezielt zu und mit der Munterkeit des kleinen Fisches ist's vorbei. Kommt einem immer wieder grausam vor, so aber ist Natur. Da gilt nur das Naturgesetz vom Fressen und Gefressenwerden. Mitgefühl gibt es nicht. Und wenn der Reiher reden könnte, würde er jenen Sensibelchen unter den Menschen sagen: >Was habt ihr euch denn so? Ich will mich doch nur ernähren!< Und wenn er wüsste, dass vielleicht gerade diese Menschen, die so Mitleid mit dem >armen Fischlein< haben, liebend gern >süße Lämmer< und >niedliche Ferkelchen< und >liebe Kälbchen< essen, würde er noch mehr sagen. Ein Glück, dass er nicht reden kann.

Nachdem der Reiher den Fisch geschluckt hat, nähert sich von Illmitz her ein mit Touristen beladenes Pferdefuhrwerk. Schon von weitem flattert uns fröhliches Singen, oder was man dafür halten könnte, zu. Und einer der Fahrgäste winkt mit einer Weinflasche vom

Wagen herunter. Unser Silberreiher steht hoch aufgerichtet in höchster Alarmbereitschaft. Und schon breitet er seine Schwingen aus und macht sich davon. Nicht allzu weit, aber immerhin, mit dem Fotografieren ist es jedenfalls vorbei. Die Radler, die ab und zu mal vorbeikommen und nicht anhalten und absteigen, haben ihn nicht gestört. Aber die lärmenden Menschen, die sich auf dem Fuhrwerk ja eigentlich still verhalten sollten, um für ihr Geld im Naturschutzgebiet auch etwas zu sehen, die sind ihm zu viel.

Wir jedenfalls hatten ein schönes Erlebnis gehabt (und hoffentlich auch gute Aufnahmen erwischt …?). Im Übrigen ernannten wir auch diesen Silberreiher zum >Silberreiher vom Dienst<, auf die Gefahr hin, dass es sich nicht immer um denselben handelte. Denn wie oft, wenn wir wieder mal das Terrain von der Illmitzer Dammstraße aus inspizierten, sahen wir einen der weißen Prachtexemplare, der sehr wenig Scheu zeigte. Und das konnte ja auch mal ein anderer sein.

Bevor wir nach Podersdorf zurück fuhren, schauten wir noch mal nach »unserem« kleinen Freund, den Flussregenpfeifer, der sage und schreibe draußen beim Seebad auf einem der zu dieser Jahreszeit kaum benutzten Parkplätze brütete! Verständige Mitmenschen hatten den Brutplatz – eine schlichte Mulde im Kiesbelag – in einigen Metern Entfernung mit paar größeren Steinen abgesichert. Für den Fall, dass sich tatsächlich ein Auto hierher verirrte. Insider wussten eh Bescheid.

Dann ging es endgültig heimwärts. Nur bei der Illmitzer Zicklacke legten wir noch einen kurzen Stopp ein. Was wir per Fernglas registrieren konnten, war nicht eben aufregend. Mehrere Graugansfamilien, paar Blässhühner, Kolbenenten - das war‘s. Die Lacke hatte ja auch kaum Wasser. In Zeiten mit hohem Wasserstand haben wir auf der Zicklacke manchmal schon zwanzig und mehr Reiher (Grau-, Silber- und Purpurreiher) und Löffler gesehen! Außerdem Säbelschnäbler, diverse Entenarten und, und, und. Dazwischen gab es auch Jahre, in denen nur Schwäne, und das in größeren Mengen, zu sehen waren, weshalb wir dann die Zicklacke prompt in >Schwanensee< umtauften - Tschaikowsky lässt grüßen!

Auf der Weiterfahrt Richtung Podersdorf machten wir noch einen informativen Umweg über den Oberen Stinkersee und die >Hölle<, wo auf der Gastterrasse vom Steiner-Heurigen schon eine ganze Menge Leute beim Dämmerschoppen saß, eine deftige Jause inklusive, mit Presswurst in Essig und Öl, Schmalzbroten oder was es sonst noch alles an derben Köstlichkeiten gibt.

So wurde es später Nachmittag, bis wir schließlich unseren Wagen auf dem Hotel-Parkplatz abstellten. Wir standen direkt neben einem Neuankömmling. Die Fahrzeugnummer kam uns aber sehr bekannt vor. Natürlich! Anton und Maria aus St. Gallen waren also planmäßig eingetroffen. Und Herr Josef aus Lübeck wollte heute auch kommen. Na, dann war unser Ausschuss ja wieder komplett!

Die bunten Gesellen von der Sandwand

Mit den Gesellen sind natürlich nicht die harten Männer gemeint, die in der Sandgrube mit Spaten und Schaufel zu Gange sind. Dennoch: Diejenigen, die ich meine, arbeiten auch in Sandgruben. Oder auch nur an Sandwänden. Gemeint ist einer der farbenprächtigsten Vögel Europas: der Europäische Bienenfresser. Wenn er auch so heißt, so hat er es jedoch nicht ausschließlich auf Bienen abgesehen. Bienenfresser nehmen notfalls alles, was ihnen am schlanken spitzen und leicht gebogenen Schnabel vorbeifliegt oder was sie im Flug zu schnappen kriegen, auch Schmetterlinge oder Libellen. In der Luft sind sie unglaublich zielsichere Akrobaten. Und wenn man sie beim Fliegen von unten gegen den Himmel betrachtet, so schimmern ihre Flügel, je nach Einfall des Sonnenlichts, wie Perlmutt – wunderschön!

Schon ihr Federkleid ist von exotischer Pracht. Es prangt in Gelb, Rotbraun, Türkis und Blau. Im schwarzen Augenstrich leuchten rote Augen. Ihr Gesang ist keiner, es ist eher ein Rufen, das sich anhört wie ein hohes, aber klangvolles >prütt< oder >prürr<, das sie immer wieder einzeln oder in Serie hören lassen und sie schon von weitem verraten.

Die Bienenfresser kommen jeden Frühling aus ihren Winterquartieren südlich der Sahara zurück, um hier zu brüten und ihre Jungen großzuziehen. Und wo brüten sie? Wie bereits erwähnt, brauchen sie Sandwände, in die sie bis um die 1,50 Meter tiefe Brutröhren graben, wo sie in einer kesselartigen Erweiterung am Ende der Röhre die Eier ablegen und ausbrüten.

Diese bunten Gesellen sind schon eher Meister, Meister im Kunstflug und Meister im Tunnelbau. Der Begriff >Geselle< trifft nur auf eines zu: Sie sind ein *geselliges* Völkchen. In der Brutzeit sind ganze Kolonien vor der Eiablage emsig damit beschäftigt, manche Sandwand wie einen Schweizer Käse mit einem Lochmuster zu verzieren. Und zur Zeit der Fütterung der Jungen ist der Beobachter in höchstes Staunen versetzt, wie diese Vögel es schaffen, jedes Mal, wenn sie mit Futter zurückkommen, mit traumwandlerischer Sicherheit auf Anhieb das richtige Loch anzusteuern! Bei den Uferschwalben, die auch in Sandwänden brüten, ist das noch frappierender. Denn deren Eingänge zu den Brutröhren liegen noch dichter nebeneinander als bei den Bienenfressern.

Insider wissen natürlich, wo die Bienenfresser zu finden sind. Wenngleich versucht wird, in der Preisgabe dieses Wissens äußerst zurückhaltend zu sein, so genügt *eine* Plaudertasche und eine Kettenreaktion kommt ins Rollen. Das hatte bei einer Brutkolonie am Ortsrand von Gols im Lauf der Jahre dazu geführt, dass der Andrang der am Straßenrand parkenden und umherfahrenden Autos mit Schaulustigen und Fotografen überhand nahm. Die Autos haben den Bienenfressern ja nichts ausgemacht, wohl aber die >Herrschaften<, die ausstiegen und den Bienenfressern mit Tarnzelten hautnah auf die

>Pelle< rückten. Das Schlimmste dabei aber war, dass sie zu diesem Zweck durch einen Weingarten gehen mussten. Wenn's auch nur paar Meter waren, der Weingarten und das ganze Gelände drumherum ist Privatbesitz.

Und was war die Folge? Als wir 2005 wieder hinkamen, war die Straße für Kraftfahrzeuge gesperrt, nur noch für Anlieger frei. Ob diese Regelung der Weisheit letzter Schluss war, halte ich für fraglich. Denn jetzt pilgern die Interessenten am Bienenfresser-Brutgeschäft eben zu Fuß zum Ort der Begierde, ob das den gefiederten Juwelen nun gefällt oder nicht. Und dann gibt es ja auch noch jene Zeitgenossen, die Verkehrsschilder eh ignorieren - oder angeblich übersehen haben.

Vor zwei Jahren war es, als wir dort zwei Fotografen angetroffen haben, die ihr Auto weiter hinten am Straßenrand abgestellt und sich die Bienenfresser an der zweiten Sandwand, direkt an dem abzweigenden Landwirtschaftsweg vorgenommen hatten. Eine auf Stativ montierte Kamera hatten sie direkt vor der Sandwand postiert. Sie selber standen in angemessener Entfernung. Einer fotografierte per Fernauslösung. Der andere beobachtete mit dem Fernglas Auf meine Frage, ob sie denn das Verbotsschild nicht gesehen hätten, meinte der eine: Nein, das nicht, aber sie dürften da schon fahren. Wer's glaubt, wird selig und wer nicht - na, Sie wissen schon!

Um allen Problemen mit dem Naturschutz - auch hier

Abbildungen rechte Seite: Bienenfresser (o.). Eselsdistel (u.).

patrouillieren ja die Ranger – aus dem Weg zu gehen, gibt es eine Alternative, die große Sandgrube, die man schon von der Straße aus kurz vor Weiden rechts oben – wenn man von Podersdorf oder Gols kommt – sehen kann. Dort oben steht eine offizielle Beobachtungshütte, von der aus man die ganze Sandwand überblickt.

Als ich einmal in dieser Hütte war, herrschte vor und über der Sandwand ein enormer Flugbetrieb, ein buntes Treiben, im wahrsten Sinne des Wortes. In dem Jahr hatte sich dort oben auch eine besonders große Brutkolonie eingenistet.

Nicht weit weg von der Hütte hatten die Winzer trockenes Rebholz zu einem großen Haufen aufgeschichtet. Die dürren Zweige benutzten die Bienenfresser als willkommene Sitzwarten, von denen aus sie zu ihren akrobatischen Jagdflügen starteten. Aus der Hütte heraus zu fotografieren ist nicht so einfach, denn mit der Menge der Bienenfresser vermehrt sich natürlich auch hier die Menge der fotografierenden Ornithomanen, also »Vogelspinner«. Und ausgerechnet so einen Tag hatte ich erwischt. Die Hütte war proppenvoll. Und da die Sonne, wie die ganzen letzten Tage, wieder unerbittlich vom wolkenlosen Himmel >brüllte<, präsentierte sich die Atmosphäre in der Hütte, zumal bei dieser geballten Masse Mensch, besonders schweißtreibend und stickig. Und auch noch verräuchert, weil es da doch tatsächlich so rücksichtslose Zeitgenossen gab, die selbst in dieser

---

Abbildungen linke Seite: Diptam (o.). Smaragdeidechse (u.).

drangvollen Enge Zigarettenqualm verbreiten mussten! Unglaublich!

Das war das eine, was schon mal die Fotografierlust dämpfte. Das andere war das nervensägende Geduldsspiel, wie lange ich wohl noch ausharren musste, um einen Platz zum Fotografieren in der ersten Reihe an der Sichtluke zu ergattern oder ob da heute überhaupt noch was draus würde. In der ersten Reihe hatten sich nämlich besonders hartnäckige Typen versammelt, die einfach kein Ende fanden. Und denen die Kollegen im Rücken völlig wurscht waren. Und interessanterweise hat auch keiner von den >Hintermännern< gemeckert. Auch ich nicht. Man weiß ja, wie's ist. Da kannst du noch so viele Aufnahmen im Kasten haben, du bist einfach überzeugt davon, dass du bestimmt noch bessere Schnappschüsse bekommst, wenn du bleibst. Vielleicht erwischst du bei der Balzfütterung der Bienenfresser endlich mal den exakten Moment der Übergabe, vielleicht gar einer schönen Libelle, von Schnabel zu Schnabel?! So oder so ähnlich sind da die Gedankengänge, wenn man sich schon mal einen idealen Fotografierplatz erkämpft hat.

Als dann plötzlich die Hüttentür aufging und ein Nun-macht-mal-alle-Platz-Mensch auftauchte und mit einem Anhänger voll schwerer Geräte forsch und selbstbewusst hereindrängte, ging ein Raunen durch die Reihen, das nach >Oh Gott, jetzt kommt der auch noch!< klang. Nach seinem Hoppla-jetzt-komm-ich-Gesicht zu urteilen, so mein Eindruck, hatte er wohl die

Erfahrung gemacht, nur auf diese entschlossene Tour ein profihaftes Flair zu verbreiten und sich durchsetzen zu können. Ich jedenfalls hatte keine Lust, mich endgültig zerquetschen zu lassen und entschloss mich zum Rückzug und verließ die Hütte ohne Worte. Mich hatte ja sowieso noch keiner beachtet. Und die Moral von der Geschicht? Es ist doch erstaunlich, welche magischen Kräfte ein Vogel, vor allem wenn er von besonderer Art ist, auf einen Menschen haben kann. Für einen Spatzen würde man bestimmt nicht diesen Einsatz bringen. Obwohl ein Spatzenmann, aus der Nähe betrachtet, auch ein schöner Vogel ist. Aber irgendwann ist halt mal der Ausdruck >Dreckspatz< kreiert worden, wohl weil die Spatzen gern Staubbäder nehmen, also im Dreck baden. Dabei will der Vogel damit ja nur ungebetenes Ungeziefer aus dem Gefieder vertreiben. Und prompt ging jener unwissende Wortschöpfer dazu über, diesen Ausdruck für zwischenmenschliche Zwecke zu übernehmen und als Schimpfwort für gewisse Mitmenschen einzusetzen. Aber, wie dem auch sei: Eine Situation wie die vorhin geschilderte wird wohl auch den Anstoß gegeben haben, über jemanden, den man für einen Spinner hält, der nicht mehr richtig tickt, zu sagen: >Der hat ja einen Vogel!<. So wird es wohl sein!

Auf zum Hanság!

Da wir es nicht nur auf die Balz der Großtrappen am späten Nachmittag abgesehen haben, sind wir schon am Vormittag über Frauenkirchen, St. Andrä und Wallern nach Tadten und von dort auf einem Güterweg hinaus zum Hanság (gesprochen Hanschag, ungarisch für Waasen) gefahren.

Linker Hand wird der Güterweg von einem verschilften Wassergraben begleitet. Schon jetzt am Vormittag spüren wir es deutlich: Es steht uns wieder ein heißer Tag bevor. Im Schritttempo fahren wir, von kurzen Beobachtungsstopps unterbrochen, die Straße entlang, die Fenster heruntergelassen, das Teleskop mit der Kamera im Anschlag, das Schilf am Graben im Blick. Die Straße auch. Schließlich wollen wir nicht unfreiwillig vor lauter Nach-den-Vögeln-schauen an einem der Bäume landen, die rechts die Straße säumen.

Im Schilf regt sich einiges Leben. Die kleinen Schilfrohrsänger huschen zwischen den Halmen umher, sind kaum in Ruhe zu betrachten, zu fotografieren schon gar nicht. Meine Frau, die hinten sitzt, raunt mir zu: »Da könnte doch ruhig mal einer sitzen bleiben und uns sein geschwätziges Lied vorsingen!«. Ich nicke stumm und denke: >Dein Wort in Gottes Gehörgang!<. Und als ob unser heftiges Flehen im Schilf vernommen worden wäre, da tut uns doch tatsächlich so ein niedlicher Schilfrohrsänger den Gefallen und fängt direkt uns gegenüber, erst unten im Graben, zu singen an. Ganz leise und zaghaft geht‘s los. Zu sehen ist der kleine Sänger noch nicht. Aber jetzt! Da entdecken wir ihn am Schilfhalm. Noch sitzt er da, aber dann klettert er langsam höher, zeigt sich immer besser. Und auch zu hören ist er besser. Denn je höher er klettert, umso lauter und heftiger wird sein Gesang. Die Konkurrenz soll es laut und deutlich hören, wer hier im Revier der Boss ist.

Als er fast am »Gipfel« des Schilfhalms angelangt ist, lässt er mir freundlicherweise die Zeit, ihn in den Kamerasucher zu bekommen (also, bitte: nicht falsch verstehen …!), mit der langen >Tüte< nicht so einfach. Aber schließlich klappt es, und ich kann einige Aufnahmen schießen.

Von den Schwarzkehlchen, die plötzlich auftauchen und scheinbar ziellos im Schilf umherflattern oder einfach von Halm zu Halm hüpfen, kann ich leider keines fotografisch »festnageln«. Da bin ich mit meinem »Geschirr« zu langsam. Und von den Stieglitzen (auch Distelfink genannt), erwische ich auch keinen. Die sind auf einem der Bäume eingefallen, aber mehr zu hören als zu sehen.

Ganz gemächlich rollen wir weiter. Und schon wieder müssen wir anhalten. Ein Drosselrohrsänger hat im Schilf am Graben seine weithin schallende Arie angestimmt. Je nachdem, in welcher Position er sich am Schilfhalm festgekrallt hat, kann ich das leuchtende Rot in seinem weit aufgesperrten Schnabel sehen. Der Drosselrohrsänger sitzt ziemlich nah und ich hätte ihn liebend gern fotografiert. Als ich ihn aber nach einigem, nervtötenden »Rumfuhrwerken« mit dem Teleskop endlich im Sucher aufgefunden habe, wirbeln mehrere Windböen das Schilf durcheinander. Was den Vogel nicht im Geringsten beeindruckt, umso mehr mich, den Fotografen. Und als dann der Wind – zumindest vorübergehend – die Luft anhält, ist das Schilf so zerzaust, dass ein Halm nun ausgerechnet den Kopf des Drosselrohrsängers quasi zerschneidet, mitten durchs Auge! Mist! Und jetzt fliegt er auch noch weg! Aber das auch nur, weil ein Bauer mit einem Ungetüm von Traktor vorbeidonnert. Der Bauer winkt freundlich zu uns herunter und wir zu ihm hinauf. Aber der Drosselrohrsänger ist weg.

Das sind halt die >Freuden< eines Fotografen. Nur gut, dass sich mit dieser Art von >Freuden< die Profis genauso rumschlagen müssen wie die Amateure. Wenn man schon mal länger in diesem Geschäft tätig ist, bringen einen solche Missgeschicke nicht mehr gleich aus dem seelischen Gleichgewicht. Da lässt man vielleicht ein paar saftige Flüche los, aber damit hat sich‘s.

Wir rollen weiter Richtung ungarische Grenze und erreichen bald den Beobachtungsturm, von dem aus die Balz der imposanten Trapphähne beobachtet werden kann. Fotografieren ist jedoch sinnlos, da sich das Spektakel in viel zu großer Entfernung abspielt. Und das Flimmern der Luft würde ein Übriges tun, um gute Aufnahmen unmöglich zu machen. Wir werden heute die Trappenbalz von der Andauer Seite aus beobachten.

Bis die beginnt, sind aber noch einige Stunden Zeit. Also, fahren wir erst einmal weiter.

Besonders gespannt bin ich, ob die Braunkehlchen wieder zu sehen sind. Letztes Jahr haben wir hier, paar hundert Meter nach dem Beobachtungsturm, einige Pärchen gesehen. Zunächst können wir keine entdecken. Stattdessen jede Menge Schafstelzen, darunter viele Männchen mit ihrer leuchtend-gelben Brust. Auch bei den Schafstelzen sind die >Damen< schlichter gekleidet. Die hätten eigentlich allen Grund, sich darüber zu beklagen, dass ihre >Herren der Schöpfung< mit so prächtigem Nobelgefieder im Trippelschritt einherstolzieren! Aber im Gegenteil: Das gefällt ihnen mehr als uns ...!

Ein Vogel schießt im Tiefflug quer über die Straße und mitten durch meine Schafstelzen-Philosophie. In etwa dreißig Metern landet er auf einer großen, dürren Pflanze. Im Fernglas zeigt sich's: Es ist ein Braunkehlchen! Ein Männchen obendrein (immer dasselbe Lied: auch bei den Braunkehlchen schöner als die Weibchen). >Na, hoffentlich kommt der Bursche mal näher<, denke ich. Meine Frau unterbricht meine Gedanken und meint, Sie würde sich ganz gern ein bisschen die Füße vertreten. Ich könnte ja derweil versuchen, das Braunkehlchen zu erwischen, vielleicht käme es doch mal näher. Ich habe natürlich nichts dagegen. Mit einem Einbeinigen wie mir kommt sie ja viel zu wenig zum Laufen. Und wenn sie weggeht vom Auto, würde das Braunkehlchen, das ja bekanntlich auch nicht zählen kann meinen, der Blechkasten, genannt Auto, wäre nun leer und somit keine Gefahr mehr. Und genau so kommt es! Wohlweislich stelle ich die Kamera auf eine Holzlatte ein, die am gegenüberliegenden Straßenrand im Boden steckt. Dicht daneben steht eine verdorrte Pflanze, könnte eine Distel gewesen sein. Bin gespannt, ob sich da mal ein Braunkehlchen, meinetwegen auch eine Schafstelze oder ein Schwarzkehlchen oder sonst was Nettes, hinsetzt.

Und, wie das manchmal so geht, so schlägt auch diesmal der herbeigesehnte Zufall voll zu. Denn kaum ist meine Frau weg, und ich bin gerade eben fertig damit, mich in Schussbereitschaft zu bringen, da kommt doch tatsächlich dieses Braunkehlchenmännchen, das vorhin noch dreißig Meter weg war, angeschwirrt, landet auf der trockenen Pflanze, sperrt den Schnabel auf und fängt sofort an, mir sein aus kurzen Strophen bestehendes, teils rau-geschwätziges, teils mit lauten klaren Tönen durchsetztes Lied vorzutragen!

Dass mein Adrenalinspiegel wieder in schwindelnde Höhen gestiegen ist, brauche ich wohl nicht besonders zu erwähnen! Und mein rechter Zeigefinger macht, was er will. Ohne mich zu fragen, wie in Trance, drückt er immer wieder auf den Auslöser. Aber, wie die Erfahrung gezeigt hat, ist das ja auch goldrichtig so. Bei einem derart unruhigen, zappeligen >Model<, wie diesem Braunkehlchen, darf man nicht an die Film- und Entwicklungskosten denken. Denn was hat man letzten Endes davon, wenn man nur drei Aufnahmen macht, die dann alle drei in den Papierkorb wandern, weil keine einzige brauchbare dabei ist. Unter uns: Man kann freilich auch bei zwanzig Aufnahmen vor lauter Jagdfieber oder auch Unentschlossenheit immer zum falschen Zeitpunkt auf den Auslöser gedrückt haben. Meist sind die Chancen, gute Aufnahmen dabei zu haben, aber schon größer. Bei dem Braunkehlchen auf der verdorrten Pflanze jedenfalls war mein spontaner Zeigefinger doch recht erfolgreich. Auch hatte ich das Glück, dass in den entscheidenden Augenblicken der Vogel nicht durch vorbeifahrende Traktoren, Autos oder Radler vertrieben wurde. Erst als ich fertig war, ist er wieder davongeflogen. Das war schon sehr rücksichtsvoll ...!

Nachdem meine Frau von ihrem kurzen Ausflug zurück war, ging's weiter. Bis zur ungarischen Grenze, dort den schmalen, aber auch für Autos benutzbaren Weg entlang bis zum Güterweg nach Andau. Die Güterwege sind übrigens, wie man vermuten könnte, keine holprigen, zerfurchten Landwirtschaftswege, sondern zum größten Teil recht komfortable Straßen.

Wir biegen also auf diesen Güterweg ein und fahren bis kurz vor die Stelle, wo auch hier ein hölzerner Aussichtsturm für die Beobachtung der Trappenbalz steht. Im Gegensatz zu dem Beobachtungsturm am Tadtener Güterweg, schaut man hier am Nachmittag direkt gegen die Sonne. Sicher ein Nachteil, aber andererseits sind die Trappen von hier aus nicht so weit weg. Sicher auch was wert. Doch bis die Trapphähne zur Balz auftreten, müssen wir wohl noch eine Stunde warten.

Auf dem ausgedehnten Wiesengelände des Hanság ragen hier und da, gar nicht sehr weit von unserm

Standpunkt entfernt, einige lange Holzpflöcke aus dem Boden, für viele Vögel willkommene Sitzwarten. Auf dem einen >Stempen<, wie Freund Heiner diese Pflöcke auf gut Bayerisch nannte, sitzt schon was, ein kleiner, schlanker Vogel. Im Fernglas ist er gut zu identifizieren. Es ist ein prächtiger Schafstelzenmann.

Im Hanság gibt es, auch ohne Trappenbalz, immer Interessantes zu beobachten. Und heute haben wir besonderes Glück. Erst kommt eine Wiesenweihe im eleganten, leicht schaukelnden Tiefflug daher, mit nach unten gekipptem Kopf die Wiesenfläche unter sich fest im Blick, ob sich da nicht etwas Nahrhaftes rührt. Und dann tritt das besondere Glück auf den Plan in Form eines dunklen Greifvogels, kleiner als ein Turmfalke, der auf einem der nächsten >Stempen< landet. Und schön ruhig sitzen bleibt, damit wir ihn im Fernglas gebührend bewundern können. Es ist ein Greifvogelmann, Kopf und Oberseite sind dunkel-schiefergrau, er hat rostrote Hosen an den Beinen, einen roten Ring um die Augen und vor allem – korallenrote Füße. Es ist der seltene Rotfußfalke! Toll! Rotfußfalken haben wir schon seit Jahren nicht mehr gesehen (aber auch nicht unbedingt gesucht).

Nun scheint wohl bald die Balz der Trapphähne loszugehen. Wie wir schon mit bloßem Auge erkennen können, ist der erste Hahn aus dem hohen Gras aufgetaucht. Hennen sind keine zu sehen. Die sind auch ein Drittel kleiner als die Hähne. Und sie haben nur rund ein Drittel des Gewichts der Hähne, die bis um stattliche sechzehn Kilogramm schwer werden können.

Das Dreibeinstativ mit dem Teleskop habe ich bereits in Stellung gebracht, das Okular eingesetzt. Obwohl ich weiß, was dabei herauskommt, riskiere ich einen Blick durch den Kamerasucher. Befund wie erwartet: Aufnahmen sinnlos.. Bei einer derart großen Brennweite macht sich das Flimmern der Luft so stark bemerkbar, dass der anvisierte Trapphahn im Blickfeld fortwährend seine Form verändert. Er >geistert<, wie man auch dazu sagt. Aber im Okular beobachten kann man schon. Man muss halt warten und die Momente nutzen, wo das >Geistern< nicht ganz so störend ist und man wenigstens ein einigermaßen akzeptables Bild hat. Solche Augenblicke gibt es zwischendurch immer wieder mal. Zum Fotografieren reicht das aber nicht.

Es dauert fast eine halbe Stunde, bis es endlich den Anschein hat, als würde sich bald etwas tun. Sechs Hähne haben sich inzwischen am Balzplatz eingefunden. Unsere Geduld wird aber noch eine Weile strapaziert, bis schließlich der erste Trapphahn Anstalten trifft, mit der Balz zu beginnen. Zumindest klappt er schon mal seinen breitgefächerten Schwanz nach oben. Aber er stelzt nur gravitätisch, und das mehrere Male, in der Gras-Arena der Brautwerbung zwei Meter hin, zwei Meter her. Das ist alles. Die anderen Brautwerber tun überhaupt noch nichts dergleichen. Sollten sich vielleicht noch nicht genügend Damen eingefunden haben, um das ultimative Imponiergehabe der Herren zu bewundern?

Das Interesse der Trapphennen scheint wirklich frustrierend gering zu sein, denn der Hahn mit dem hochgeklappten Schwanz faltet diesen wieder zusammen und lässt ihn sinken. Und von den anderen sind auf einmal nur noch drei zu sehen, zwei Hähne müssen sich hingesetzt haben, sind jedenfalls vom hohen Gras verdeckt oder in einer Mulde verschwunden. Sollte die hohe Zeit der Balz, jetzt Anfang Mai, schon vorbei sein?

Nein, doch nicht! Dem Himmel sei Dank! Wir haben nicht umsonst gewartet! Vier von den sechs Hähnen sind zwar nicht mehr zu sehen, aber die zwei verbliebenen Hähne haben sich nun endgültig entschlossen, uns nicht mehr länger auf die Folter zu spannen. Die spektakuläre Schau beginnt! Die imposanten Vögel krempeln fast das gesamte Gefieder von innen nach außen um und präsentieren auf diese Weise die weißen Federunterseiten. Kopf und Hals liegen auf dem Rücken und sind nicht mehr zu sehen. Was zum Schluss dabei herauskommt, sind zwei große blütenweiß leuchtende, vibrierende Federbälle, auf die große Entfernung selbst mit bloßem Auge schon zu sehen. Und im Fernglas bietet sich uns ein ganz wunderbares Bild. Denn, wie von Geisterhand geführt, beginnen sie sich zu bewegen. Man könnte fast meinen, diese Bewegungen folgen einer bestimmten Choreographie. Und wie sieht es im Teleskop aus? Unglaublich: Im Teleskop bietet sich unserem Auge ein fantastischer Film, in dem, choreographisch verstärkt durch die unruhige Atmosphäre, wild gewordene riesige Schneebälle ein geisterhaftes

Ballett tanzen! Wir sehen dieses Schauspiel wirklich nicht zum ersten Mal, aber fasziniert sind wir immer wieder. Vor lauter Faszination vergessen wir Zeit und Raum. Doch dann auf einmal bringen die Trapphähne ihr Gefieder wieder in die normale Position, und die Balz ist vorüber. Aus der Traum! Nicht ganz, denn auf einem der >Stempen< ist, um uns zum Abschied für heute noch eine Freude zu bereiten, eine Sumpfohreule gelandet. Sie bleibt auch brav sitzen, so dass wir sie uns im Teleskop noch in aller Ruhe – und weil sie gar nicht weit weg ist – und ohne atmosphärisches Flimmern ansehen können. Ein bildschönes Tier!

Und mit diesem erbaulichen Bild machen wir für heute Feierabend, packen unsere Gerätschaften ein und fahren heim, nach Podersdorf zurück. In der Ausschuss-Sitzung, die heute inklusive Abendessen in der »Goldenen Traube« stattfindet – vom »Pannonia« ist‘s nur ein Katzensprung dorthin –, wird es wieder viel zu berichten geben. Von unserer Seite auf jeden Fall!

Tagesausflug auf die andere Seeseite

Für heute haben wir beschlossen >fremdzugehen<, mit anderen Worten: Wir wollen unserem geliebten Seewinkel für einen Tagesausflug den Rücken kehren und auf die Westseite des Sees fahren. Mal sehen, ob die Adonisröschen und jetzt, Anfang Mai, vielleicht auch die Küchenschellen noch blühen. Wir werden nach den Smaragdeidechsen bei Jois schauen und die besetzten Storchennester in der Storchenstadt Rust zählen. Vor Jahren waren es ja mal so wenige, dass Illmitz und Apetlon mehr hatten. Damals waren nicht wenige Seewinkler natürlich mächtig stolz darauf, dass sie Rust übertrumpft hatten. Na ja, wie das halt so ist im richtigen Leben …

Blühende Adonisröschen sind in dem kleinen lockeren Wäldchen kurz vor Jois noch viele zu finden, von den Küchenschellen allerdings nur noch einige wenige. Aber für ein paar Fotos reicht's >dicke<. Und da auch heute wieder eitel pannonisch-warmer Sonnenschein und, was im Land am Steppensee nicht so häufig vorkommt, Windstille herrscht, lassen sich auch die Smaragdeidechsen sehen. Besonders prächtig die Männchen, die im Frühling eine leuchtend-blaue Kehle haben. Dann tragen sie gewissermaßen ihren Hochzeitsanzug.

Sie liegen am Wegrand in der warmen Sonne und

Abildungen rechte Seite: Phönizische Königskerze (o.l.). Schopfteufelskralle (o.r.).Federgras (u.l.).Zwergschwertlilie (u.r.)

dösen vor sich hin, sind aber bei ungewohnten Geräuschen und Bewegungen sofort hellwach. Trotzdem lassen sie sich gut fotografieren, wenn man sich nur vorsichtig und langsam bewegt und ihnen nicht zu nahe auf den >Pelz< rückt.

Man kann aber auch mal das unverschämte Glück haben, wie ich im letzten Jahr. Da hatte ich von meinem Campingstühlchen am gegenüber liegenden Wegrand aus gerade ein paar Porträtaufnahmen von einem fotogenen Männchen gemacht, als ein Traktor vorbeirumpelte. Erfolg: Eidechse weg, im Gebüsch verschwunden. Alle anderen, die sich am Weg gesonnt hatten, natürlich ebenso. Als sich auch nach einer Viertelstunde Wartezeit keine mehr blicken ließ, packte ich meinen >Kram< zusammen, ließ aber alles am Rand stehen und ging hinüber, wo die Eidechse gelegen hatte und schaute im Gebüsch nach, ob sie vielleicht doch wieder zu entdecken wäre. Aber nichts dergleichen.

Ich wollte gerade aufgeben, als ein Wanderpaar des Weges kam. Die beiden blieben rücksichtsvoll, um mich nicht zu stören, etwa fünf Meter von mir weg stehen und schauten auch ins Gebüsch. Auf einmal rief mir der Mann halblaut zu: »Hallo Sie, Sie dürfen nicht nach unten schauen, mehr nach oben. Eine Eidechse hängt Ihnen direkt vor der Nase in den Zweigen!« Und tatsächlich, da hing sie höchstens einen halben Meter

---

Abbildungen linke Seite: Küchenschelle (o.l.). Helmknabenkraut (o.r.). Spinnenragwurz (u.l.). Sumpfknabenkraut (u.r.).

vor meiner Nase in den Zweigen eines Heckenrosenstrauchs und musterte mich neugierig. Sie war so nahe, dass ich wieder auf die andere Wegseite musste, um sie zu fotografieren! Die Eidechse blieb auch geduldig sitzen. Erst als ich fertig war, machte sie sich davon.

Nachdem sich heute – abgesehen vom flüchtigen Blick auf die seltene Äskulapnatter, die sich arg schnell über den Weg schlängelt – nichts Besonderes tut, fahren wir wieder nach Jois hinunter und weiter über Breitenbrunn und Donnerskirchen nach Rust.

Weil wir noch einiges vorhaben, halten wir uns nicht allzu lange in der alten Freistadt Rust auf. Wir wollen ja nur mal nach den Störchen schauen, ob Rust dieses Jahr den Beinamen >Storchenstadt< auch verdient. Wir fahren also ganz langsam durch die Hauptstraße, vorbei an den schönen, alten Bürgerhäusern aus dem 16. und 17. Jahrhundert mit prachtvollen Portalen und Holztoren und den Storchennestern auf den Dächern. Von den Nestern sind die meisten besetzt. Ebenso auf den Häusern in den Nebenstraßen, die wir vom Auto aus einsehen können und auf dem großen Platz mit der alten Fischerkirche und dem Patrizierhaus >Zum Auge Gottes<.

Wir haben genug gesehen und fahren bergwärts Richtung St.Margarethen. Kurz vorm Römersteinbruch biegen wir rechts ab und fahren zum Parkplatz hinauf. Von dort oben, dem Ruster Hügelland, genießen wir – wie 1929 schon mein Vater und sein Studienkollege – den herrlichen Panoramablick über das Rebland nach Rust hinunter und hinaus über den breiten Schilfgürtel zum

See, dessen Ostufer mit Ilmitz und Podersdorf allerdings im Dunst zerfließt. Von hier oben hat man auch verschiedene Einblicke in den Römersteinbruch, wo von Bildhauern aus aller Welt in Stein gehauene Skulpturen zu bewundern sind und vor der Kulisse steil aufragender Felswände Passionsspiele aufgeführt werden. Was die Vogelwelt anbelangt, so wird der Römersteinbruch von Dohlen beherrscht, deren helle und schnarrende Rufe von den steinernen Wänden widerhallen.

Schon beim kurzen Aufstieg zur Kapelle weiter oben auf dem Hügel entdecken wir die seltene Pflanze, wegen der wir primär hier heraufgekommen sind. Ihr Name: Diptam. Die zwischen 50 und 80 cm hohe Pflanze mit ihren schönen weißen, rotgestreiften Blüten verströmt einen betörenden Duft aus vielen aromatischen Drüsen. Der Duft erinnert deutlich an *Citrus*-Gewächse, mit denen der Diptam auch verwandt ist. Die Pflanze gilt im Burgenland als stark gefährdet und steht natürlich unter Naturschutz. Also, nicht abreißen oder gar ausgraben!

Fotografieren ist selbstverständlich erlaubt. Am besten vom Stativ, zumal es hier oben recht windig ist und die Pflanzen hin und her geschwenkt werden. Da muss man warten können, bis der Wind die Luft anhält, was er meist zwischendurch auch tut. Es dauert aber sehr lange, bis ich die Aufnahmen im Kasten habe. Die Stippvisite in Eisenstadt lassen wir also sein und fahren wieder >heim<. Wir sind durch die vielen Aufenthalte schon so heimisch geworden, dass wir meist >Wir fahren heim< sagen, wenn's nach Podersdorf zurückgeht.

Wir fahren zur »Hölle«

Im Laufe der vielen Jahre, die wir nun schon zum Neusiedler See kommen, sind einige Unternehmungen zur Gewohnheit geworden. Zum Beispiel zwischen die Tage der reinen Vogelpirsch auch mal Tage einzuschieben, an denen wir uns primär den Pflanzen widmen, sogenannten, salopp gesagt, >hundsgewöhnlichen<, wie wir sie auch von zu Hause kennen, aber vor allem auch den zahlreichen botanischen Raritäten, die aus dem asiatischen Raum eingewandert oder eben typisch sind für Steppen- und Salzböden. Wie beispielsweise der Steppensalbei, der weiße Österreichische Salbei, der Färberginster, der Österreichische Lein und die Salzkresse. Viele Standorte sind uns natürlich schon bekannt. Da brauchen wir nicht mehr lange zu suchen.

Schon am Fahrweg zur »Hölle« wiegen sich auf den Wiesen die blau leuchtenden Blüten des Österreichischen Leins im Wind. Und dazwischen die kerzenartigen Blütenstände mit purpurfarben gezeichneten rosa Blüten des *Helm*knabenkrauts, einer wunderschönen Orchideenart, die von den Botanikern bezeichnenderweise *orchis militaris* genannt wird.

Zunächst fahren wir bis zu einem eingezäunten Areal, wo Jupp Waba's Mangaliza-Schweine, eine alte Schweinerasse, sich – vor allem nach Regen – mit Wonne im Schlamm suhlen und anschaulich demonstrieren, was eine echte Drecksau ist. Auch die von ihnen ausgehenden Gerüche sind typisch Sau. Aber ihr Fleisch soll sogar gesund sein. Das weiß natürlich auch der Jupp, seines Zeichens Metzgermeister und Wirt. Und ist so ein liebes Tierchen erst einmal durch seine Hände gegangen, so werden aus der ehemaligen Drecksau auf gekonnte Weise leckere Würste und zarte Schinken, nach unserem Geschmack besonders köstlich der in Kräuter eingelegte Rohschinken. An der Ladentheke in »Jupp‘s Bierstüberl« in Podersdorf kann man die leckeren Sachen kaufen. Es sind sicher rheinische Gäste gewesen, denen er den inzwischen zum Markennamen gewordenen >Jupp< zu verdanken hat. Hier würde ein Josef ja eher Sepp gerufen.

Doch zurück zur »Hölle«! Hinter dem Mangaliza-Gehege biegen wir links ab, fahren an der Höll-Lacke vorbei Richtung Verbindungsstraße Podersdorf-Illmitz bis zu der kleinen Wiese, wo die Salzwiesen-Schwertlilie (auch Bastard-Schwertlilie oder -Iris genannt) und der Färberginster blühen. Also, raus aus dem Auto, in dem die Hitze eh schon wieder kocht! Teleskop mit Kamera auf Stativ schrauben, auf die Schwertlilien einstellen, fokussieren, auslösen! Ja, denkste! Der nette Wind, das >himmlische Kind<, ist weder nett noch himmlisch, er ist schlicht frustrierend. Da guckst du dauernd angespannt durch den Sucher, bis dir fast die Augen tränen und wartest darauf, dass sich die Iris wenigstens mal für einen winzigen Augenblick still verhält und du auf den Auslöser drücken kannst. Da ich beim Fotografieren durchs Teleskop bloß stur Blende 16 habe, komme ich trotz 400 ISO noch nicht mal auf eine Verschlussgeschwindigkeit von 1/250 Sekunde. Und die brauchte ich allerwenigstens bei diesem Wind. Es ist zum Haareraufen! Schließlich klappt es dann aber doch noch, in der stillen Hoffnung, dass wenigstens *eine* gute Aufnahme dabei ist. Leider erfahre ich das natürlich erst zu Hause, wenn der Film vom Labor zurück ist. Wenn für mich demnächst das digitale Zeitalter anbricht, weiß ich's gleich und kann die verkorksten Aufnahmen sofort löschen.

Zur Erholung von diesem, an den Nerven nagenden Geduldsspiel fahren wir wieder zurück und weiter bis zur »Hölle«. Bei der Jausenstation Sattler stellen wir den Wagen ab und wandern - ich mit Prothese hinkenderweise - zum >Egerwald< (haben wir so getauft, weil da drin eine Familie Eger ihr Haus hat). Dieses unberührte, den Weg säumende Waldstück ist ein kleines Paradies, ein wahrer Konzertsaal für die verschiedensten Singvogelarten. Aber *eine* Stimme, *ein* Lied übertrumpft alle anderen. Da ist hier der absolute, oder wie's heute heißt: der *ultimative* Topstar unter den gefiederten Sängern am Werk - die Nachtigall! Von denen gibt es hier einige.

Und nicht nur für uns ist es die reinste Seelenmassage, stehen zu bleiben und diesem kräftigen, wohltönend-melodischen und abwechslungsreichen Gesang zu lauschen. Auch unter den Radlern, die oft einfach achtlos vorbeirauschen, gibt es natürlich welche, die absteigen, um dieses klangvolle Stückchen Natur zu genießen. Und wenn die melodische Stimme der Mönchsgrasmücke noch mit einstimmt und der bescheidene Zilpzalp mit seinem unablässig wiederholten »zilp-zalp-zilp-zalp« quasi die Percussion übernimmt, ist ein famoses Trio beisammen! Eine gewisse Steigerung gibt es dann nur noch, wenn womöglich noch ein Trupp Stieglitze, durchs Geäst hüpfend, mit ihrem vielstimmigen »tikelit« dazwischenfunkt und dem Konzert damit noch eine weitere rhythmische Klangvariante hinzufügt. Für den Konzertbesucher ist's jedenfalls die reinste Freude! Und dabei bieten die Herren der Vogelwelt diesen Kunstgenuss überhaupt nicht, um uns eine Freude zu bereiten. Die wollen damit nur ihr Revier abgrenzen gegen die Konkurrenz oder ein hübsches Weibchen anlocken. Mehr nicht.

Nach unserem Vogelstimmenerlebnis im >Egerwald< fahren wir noch nach Apetlon und weiter auf dem Güterweg Richtung Frauenkirchen. Unterwegs fällt uns ein, wir könnten doch mal kurz nach den Waldohreulen und Turmfalken am Apetloner Badesee schauen. Gedacht, getan. Beim Warmsee biegen wir zum Badesee ab. Da die Sonne wieder arg vom wolkenlosen Himmel brennt, ist dort schon einiger Betrieb. Trotzdem, man sollte es nicht glauben, haben sich die Waldohreulen und Turmfalken, die in der Baumreihe direkt am Rande der Liegewiese brüten und ihre Jungen aufziehen, an das geräuschvolle und umtriebige Dasein der Badegäste gewöhnt. Unmittelbar vor einer Weide auf der Liegewiese stehen einige Leute, auch ein Fotomensch dabei, und halten nach den Jungen Waldohreulen Ausschau, die schon das Nest verlassen haben und im Geäst hocken (man nennt sie deswegen auch >Ästlinge<). Einen Altvogel entdecken wir in besagter Baumreihe, an der wir im Schritttempo entlangfahren. Er sitzt aber so ungeschickt durch vom Winde verwehtes Laub verdeckt, dass ich ihn wohl fotografiere, aber, wie ich zu Hause feststellen muss, mit den Aufnahmen keinen Schönheitspreis gewinnen kann.

Nach diesem kleinen Abstecher wenden wir uns wieder den Pflanzen zu und fahren zu einer Wiese hinter der Rosalienkapelle, wo sich neben Wundklee und Blauem Natternkopf auch Steppensalbei und Schopfteufelskralle als attraktive Fotomotive anbieten. Unsere Hoffnung, der stetige Wind könnte sich vielleicht auch mal beruhigen, trügt vorerst. Es dauert also wieder eine halbe Ewigkeit, bis ich eine kleine Aufnahmenserie zustande gebracht habe. Doch, wie das oft so geht im Leben: Kaum ist alles wieder eingepackt, ist auch der Wind weg! Also, was tust du als einer, der stets möglichst perfekte Fotos anstrebt? Richtig! Du packst wieder alles aus und fängst von vorne an. Und wenn du Glück hast, dass der Wind dich nicht reingelegt hat und wieder zu blasen anfängt (was ja auch zu den schicksalhaften >Freuden< des fotografierenden Menschen gehört), kannst du dein Vorhaben in Ruhe vollenden. Aber, bitte, wie ich schon mal erwähnt habe: Wer, vor allem bei solch diffizilen Aufnahmen, am Filmmaterial spart, sollte es am besten gleich sein lassen.

Auf dem Rückweg über Illmitz legen wir noch einen Zwischenstopp beim Informationszentrum des Nationalparks ein. Bei seinem Anblick fällt mir auf einmal das Gasthaus Zentral am Illmitzer Hauptplatz ein. Als früher, ich kann mich noch lebhaft daran erinnern, Lorenz Kroiss, der Altwirt, noch lebte, da sind wir mittags oft zum Essen bei ihm eingekehrt. Lorenz Kroiss war ein weithin bekannter Vogelexperte und sein Gasthaus zentraler Treffpunkt für vom *Virus ornithomanicus* infizierte Vogelfreunde und Fotografen. Längst ist das alte Wirtshaus durch Um- und Anbauten modernisiert worden, mit rustikaler, gemütlicher Gaststube und wintergartenartigem Speisesaal. Traditioneller Familienbetrieb ist das »Zentral« natürlich nach wie vor. Inzwischen ist schon die Enkelgeneration mit im Geschäft.

Wer sich *heute* eingehend informieren will, der ist im Informationszentrum des Nationalparks in guten Händen. Man hat sogar ein eigenes Besucherprogramm. Es gibt Lichtbildervorträge, Videofilmvorführungen, und eine umfangreiche Bibliothek mit Fachliteratur und Leseraum ist auch vorhanden, in den sich Interessierte zurückziehen können. Vor allem für Schlechtwettertage zu empfehlen. (Sie werden es nicht glauben: auch so etwas gibt es am Neusiedler See, und manchmal wird Regen von der Landwirtschaft sogar sehnlichst herbeigewünscht.)

Nach unserem Zwischenaufenthalt, es ist schon später Nachmittag, fahren wir immer noch nicht auf direktem Wege heim. Nein, wir machen noch einen Umweg durch die »Hölle«. Was gibt es hier Schöneres als durch die Hölle zu gehen …? Wenn's auch vielmals höllisch heiß ist! Und der Umweg lohnt sich allein schon wegen des an einem Schilfhalm dösenden Laubfroschs, der sich bereitwillig ablichten lässt. Was mich an ihm fast stört, ist seine absolute Nichtbeachtung des Fotografen. Dass er sich über ein Belegbild freuen würde, kann ich ja nicht verlangen, aber dass er noch nicht einmal die Augen richtig aufmacht …also nee!

Gewissermaßen als Ausgleich präsentiert sich uns ein Neuntötermännchen, das auf einem Heckenrosenzweig damit beschäftigt ist, eine Maulwurfsgrille zu sezieren. Und dann trippelt zum guten Schluss unserer heutigen Rundreise auch noch ein prächtiger Wiedehopf auf Futtersuche am Wegrand entlang. Mit anderen Worten: Es war wieder ein interessanter, erlebnisreicher Tag.

Also, dann bis nächstes Jahr!

Gestern Abend war die obligatorische Ausschuss-Sitzung im »Pannonia« zum Torso zusammengeschmolzen. Werner aus dem Münsterland hat uns schon vorgestern wieder verlassen. Und unsere Schweizer hatten gestern ihren Abschiedsabend, sind heute in aller Frühe Richtung St.Gallen abgereist. Nun sind nur noch Herr Josef aus Lübeck und wir übrig. Und da auch unsere drei Wochen übermorgen schon wieder vorüber sind, mischt sich ein Hauch von Abschied in unsere vorletzte, verstümmelte Ausschuss-Sitzung. Auch die Gedanken sind nicht mehr so hundertprozentig bei der Sache. Die sind schon mehr auf zu Hause gerichtet. Und dennoch genießen wir den herrlich warmen Maiabend. Wir sitzen auf der großen Terrasse des »Pannonia«, die, nebenbei bemerkt, bei Regen sogar mit einem ausfahrbaren Dach geschützt werden kann. Was heute Abend, dem Himmel sei Dank, allerdings nicht nötig ist. Das hätte uns zur Abschiedsstimmung auch gerade noch gefehlt! Und zudem war es bisher – und das möge noch lange so bleiben! – immer nur ein vorübergehender Abschied. Denn in Abwandlung der Fußballer-Weisheit >Nach dem Spiel ist vor dem Spiel!< gilt für uns >Nach dem Neusiedler See ist vor dem Neusiedler See!< Trost und Hoffnung zugleich!

Am nächsten Tag, schon vor dem Frühstück, fängt meine Frau an, das was wir heute nicht mehr brauchen, einzupacken. Und nach dem Frühstück starten wir zu unserer, für dieses Jahr letzten Seewinkel-Rundfahrt. Das Wetter lädt regelrecht dazu ein: Kaum ein Wölkchen am Himmel, frühsommerlich warm am Vormittag, am Nachmittag schon eher sommerlich heiß, aber gut verträglich, zumal die Luft außerordentlich trocken ist. Kurzum: ein Tag, wie sich das für das sogenannte pannonische Klima am Steppensee auch gehört. Und das alles sehr wahrscheinlich nur, um uns vor unserer Heimfahrt noch einmal anschaulich vor Augen zu führen, wie schön es im Land am Steppensee doch ist! Na ja, das wissen wir ja schon seit siebenunddreißig Jahren.

Unsere Rundfahrt führt uns zuerst zur weitläufigen Pferdekoppel beim Hotel Georgshof (mit Reitschule und Reithalle). Am hinteren Ende der Koppel hat sich vor einigen Jahren in einer flachen Bodensenke eine Art Lacke gebildet, in der immer wieder verschiedene Vogelarten nach Fressbarem herumstochern, beispielsweise Rotschenkel, Grünschenkel, Bruchwasserläufer und Uferschnepfen. Das Teichhuhn hat hier schon gebrütet und seine Jungen großgezogen. Und am flachen Uferrand fahnden Kiebitze mit ihren Jungen nach Nahrung. Kiebitze laufen natürlich auch auf den Wiesen herum. Und Graugänse, die Vorfahren unserer Hausgänse, sind gar in kompletten Sippen versammelt, um sich den Bauch mit Gras vollzustopfen. Auf vertrocknetem Geäst sitzen zwei Turteltauben und ein Neuntöterpärchen.

Im Land am Neusiedler See gibt es halt auf Schritt

und Tritt was zu entdecken, Gewohntes und Seltenes: viele Vogelarten, Frösche, Eidechsen, schöne Schmetterlinge, Schlangen, Käfer und was sonst noch kreucht und fleucht, und natürlich die verschiedensten Pflanzen.

Am Oberen Stinkersee ist nicht viel los, die Lacke weitgehend ausgetrocknet. Es war aber auch die ganze Zeit kein Regen gefallen. Große Flächen neben der Straße, wo eigentlich Wasser stehen müsste, knallen einem vor lauter Salzausblühung grellweiß in die Augen, so dass wir uns nicht lange aufhalten und zur Illmitzer Dammstraße fahren, um uns von den Silberreihern zu verabschieden.

Am Warmsee, den wir auf unserer Rundfahrt natürlich nicht auslassen, sieht‘s auch nicht gerade rosig aus mit dem Wasserstand, obwohl diese tiefere Lacke bei langer Trockenheit durchweg noch das meiste Wasser hat. Auf einem Heckenrosenbusch am Rande des Güterwegs hat sich soeben wieder das Schwarzkehlchen hingesetzt, das ich schon vor Tagen fotografiert habe. Es ist das Männchen und hat, wie ich durchs Fernglas gut sehen kann, vier grüne Raupen im Schnabel. Von dem bei uns Menschen gebräuchlichen Satz >Mit vollem Mund spricht man nicht!< hat der Vogel jedenfalls noch nichts gehört, denn mit derart vollgestopftem Schnabel ist er noch in der Lage, Gezwitscher von sich zu geben. Und das können die Vögel alle. Ich sage immer, das müssen alles Bauchredner sein. Und da ist was Wahres dran, denn der Stimmapparat (Syrinx) sitzt bei den Vögeln viel tiefer als unser Kehlkopf, wo *unsere*

Stimme entsteht.

Da die Hitze allmählich unerträglich wird, kürzen wir unsere Rundfahrt ab und fahren nach Podersdorf zurück. Meine Frau muss ja auch noch die Koffer packen. Der einbeinige Ehemann kann da ja keine große Hilfe sein. Der packt zwar sein Fotografen-»Geschirr« zusammen, ansonsten sitzt er aber mehr im Weg herum, als dass er nützlich ist. »Am besten, du setzt dich auf den Balkon!«, sagt meine Frau. Und das tue ich denn auch.

Am Abend, als wir wieder mit Herrn Josef aus Lübeck bei Bierchen und Apfelschorle sitzen, sehen wir zwischen der Reihe Pappeln beim Strandbad hindurch, dass die Abendsonne eine gelb-orange, im sanften Wellenspiel tanzende und flimmernde Bahn auf den See projiziert, um schließlich als tiefroter Lampion hinterm Leithagebirge zu versinken. Dieses Schauspiel hätten wir uns, als ich noch zwei Beine hatte, nicht entgehen lassen. Da wären wir mit Kamera und Stativ draußen gewesen, auf der Mole beim Leuchtturm oder sonstwo am Strand. Vielleicht hätten wir uns aber auch gleich beim Seewirt in den Gastgarten gesetzt und die romantische Abendstimmung bei einem Eisbecher genossen. Denn Dias von Sonnenuntergängen am Neusiedler See hatte ich eigentlich schon genug im Archiv.

Wir müssen unsere romantischen Gedanken unterbrechen, denn Arsim, der flotte und aufmerksame junge

---

Abbildungen rechte Seite: Vom Podersdorfer Strandbad aus kann man schöne Sonnenuntergänge und Abendstimmungen genießen.

Kellner, serviert das Essen. Küchenchef Gerhard Homola und sein Team haben wieder Leckeres auf die Teller gezaubert. Bestellt waren gebratene Zanderfilets, pannonische Art. Seine Fischspezialitäten mögen wir besonders gern. Worüber wir – nebenbei bemerkt – vor allem auch immer wieder erstaunt sind: wie gut und reibungslos die Küche selbst dann funktioniert, wenn Terrasse, Restaurant und womöglich auch noch der Frühstücksraum vor lauter hungrigen Gästen fast aus allen Nähten platzen. Da spürt man die perfekte Organisation in der Küche.

Wir wollen morgen ganz früh losfahren und lassen deshalb den Abend bald ausklingen. Nach dem großen Verabschieden, mit Umarmen und Küsschen, wie sich das so gehört, folgt dann ganz zum Schluss noch das obligatorische »*Also, dann bis nächstes Jahr!*«. Was uns wohl daran erinnern soll, das Wiederkommen nicht zu vergessen. Aber keine Bange, das werden wir eh nicht vergessen, freuen wir uns doch heute schon darauf!

Nützliche Adressen:

Nationalpark Neusiedler See-Seewinkel
Informationszentrum
A-7142 Illmitz
Tel. ++43/(0)2175/3442-0/ Fax ++43/(0)2175/3442-4
www.nationalpark-neusiedlersee-seewinkel.at
eMail: info@nationalpark-neusiedlersee-seewinkel.at

Neusiedler See - Tourismus
Obere Hauptstraße 24 / A-7100 Neusiedl/See
Tel. ++43/(0)2167/8600/ Fax ++43/(0)2167/8600-20
www.neusiedlersee.com
eMail: info@neusiedlersee.com

Tourismus-Information
A-7141 Podersdorf/See
Tel. ++43/(0)2177/2227 / Fax ++43/(0)2177/2170
www.podersdorfamsee.at
eMail: info@podersdorfamsee.at

Tourismus-Information
A-7142 Illmitz
Tel. ++43/(0)2175/2383/ Fax ++43/(0)2175/2383-4
www.illmitz.co.at / eMail: illmitz@illmitz.co.at.

Bisher erschienen:

BRUNO BUBO: Der Uhu und die Sterne

ISBN 3-8330-0169-0 / € 11,80

Bruno Bubo, der Uhu, der auszieht, das Weltall kennen zu lernen und dabei ungeahnte Fähigkeiten entdeckt, die in ihm stecken. Roman aus Fiktion und Wirklichkeit.

*

BRUNO BUBO: Mit Seidenpelz auf Mars-Mission

ISBN 3-8334-1415-4 / € 14,80

Uhu Bruno Bubo will NASA und ESA bei der Suche nach Wasser und Leben auf Mars zuvorkommen. Also heuert er den Maulwurf Seidenpelz, einen versierten Tunnelbauer, für eine eigene Mars-Mission an. Fantasie und Realität in unterhaltsamem Zusammenspiel.

*

BRUNO BUBO: Geheimauftrag Agóasalóa

ISBN-13: 978-3-8334-6064-7 / € 17,60

Uhu Bruno Bubo und Sohn Kosmo versetzen sich im Geheimauftrag der ESA per ihrem Raum und Zeit verzögerungsfrei überwindenden Gedankensprung auf den in 6000 Lichtjahren neu entdeckten Planeten *Agóasalóa* und erleben dort dessen Gegenwart. Sein heute sichtbares Licht hat ja 6000 Jahre gebraucht, um die Erde zu erreichen. Und was sie dort erleben, ist geradezu geeignet, an den Fundamenten des irdischen Weltbildes zu rütteln. Interessante Lektüre für alle, die noch nie im Weltraum waren. Und wer war das schon?